U0279652

常见花草
野外识别
图鉴

[日]山田隆彦　著

于蓉蓉　译
（中国人民大学书报资料中心）

机械工业出版社
CHINA MACHINE PRESS

寄 语

致本图鉴读者

当不经意间注意到路边盛开的野花时，许多人都会想："真是朵美丽的花，不知道叫什么名字。"这本《常见花草野外识别图鉴》会回答这些简单的问题。在创作本书时，我尽量回避了使用专业术语，尽可能写得浅显易懂。

日本地形南北狭长，内有海拔 3000 米的高山，生长着从亚寒带到热带、包括高山带在内的 7000 多种植物。本书从这些植物中选择了一些我们身边经常能见到的进行介绍。

读者可以通过比较实际植物和书中的图片来认识植物，并阅读解说以加深对植物的了解，比如花、叶子等的结构，以及它们的生活史。本书还介绍了一些相似植物，方便读者区分。此外，本书末尾的专栏还介绍了如何观察、拍摄植物，以及如何制作植物标本。

观察植物的趣味

本书将介绍观察花草生长的基本知识。每棵被称为草、花的植物都有自己的名字，如果仔细观察，就会发现它们的独特之处。同时，请参考第 338~343 页的内容，找到一种适合自己的植物观察方法。

● 如何识别植物种类

首先，了解植物花朵的形状、颜色，以及叶子的形状，然后在本图鉴中查找类似的植物。找到后再核实细节，比如叶子对生还是互生，叶子边缘是否呈锯齿状等。

熟悉之后，可以按照植物名称或图片、花朵和叶子的特征或结构等要点进行分类，制作自己的植物分类比较表。在图鉴中查找后，再在比较表中进行确认，就会对这种植物有更深的印象。当不知道植物名称时，可以拍下来询问熟悉植物的人，但需要拍摄植物尽可能多的部分，这样更容易识别。

● 确定地点和植物分类等信息后再观察

　　在不同时间去同一地方能学到不少东西。可以在附近的丘陵、山脉和河流周边选择一处合适的地方来观察植物，并定期进行田野调查，就可以了解每个季节开花的差异，以及该地区植物的关系。梳理一年的观察记录，会让你发现不同的乐趣。或者，将重点放在一类植物上，比如堇菜科、禾本科或菊科，专门追踪这一科的植物也会很有意思。

　　衷心感谢池田书店的总编辑田口胜章先生给了我创作的机会；同时感谢负责编辑的松井美奈子女士，在我拖稿时给了我督促与鼓励，并对本书内容给出了许多建议、指出了矛盾之处；还要感谢森弦一先生对本书专业术语的核定。此外，我还要对提供浙贝母和薤白等植物球根（鳞茎）的有马丽子女士、借给我观察笔记的楠桥久子女士、提供信息的大松启子女士，以及提供图片的“日本植物同好会”“帕拉金纳俱乐部”“福冈植物同好会”的成员表示由衷的感谢。

　　我衷心希望读者朋友们通过本书能身临其境地感受植物，并更加喜爱它们。

山田隆彦

本书使用方法

　　本书介绍了我们周围常见的花草。每页都由清晰的植物图片和简要说明组成，可以方便读者从各个角度了解每种植物的特征和魅力。

植物名称
植物名称是该植物的常用名称，同时附上植物学名和植物分类等信息作为参考。植物分类信息以《日本野生植物新版修订本》（平凡出版社）为准。

颜色
代表性的花色。将植物花色大致分为9种。

基本数据
列出了主要的生长地、标准植株高度（藤蔓长度）和花期。

补充图片或插图，以加深读者对植物的了解和认知。

解说
记录了茎、叶子和花的主要特征和生存状态等观察重点，同时还介绍了与该植物相关的一些小知识。

一般生长在海边附近的道旁或丘陵地区

从外面能看到 3 枚雄蕊

鳞茎像小个的洋

水仙
Narcissus tazetta var. chinensis　石蒜科

生长地　海岸、道旁
高　度　20~40 厘米
花　期　12 月~第二年 4 月

春季植物

花被片　副花冠　雌蕊　雄蕊　子房

冬季绽放，迎春之花
　　从地中海沿岸到中亚、中国等地均有分布，是很以前传入日本（史前归化植物）的多年生草本植物。花顶端有数朵花绽放，花被片为白色。水仙有 6 枚雄蕊，蕊矮于里面的黄色副花冠。无法结籽，只能通过鳞茎增殖一般庭院或花园里种植的水仙品种为黄水仙等，美丽动的花朵常常预示着春季到来。

水仙是一种有毒的草本植物，经常有人将水仙的鳞茎误认为是洋葱，或是将水仙叶子误认为是韭菜而食中毒的例子。

26

4

花朵图片
能展现出花朵特征的特写图片。

主要图片

主要反映了植物在自然中或是在我们身边的样子，可以让读者一眼就认出这种植物。

主要是叶子的外观，这对于确认植物很重要。

着有 4 片，是十字花科植物

基部抱茎

成片群生，仿佛要被黄色的花朵淹没一般，是春季的代表植物

季节
按春季、夏季和秋季的顺序来介绍。

春季植物

欧洲油菜

assica napus 十字花科

生长地	河岸
高　度	约 100 厘米
花　期	3~4 月

也被称为油菜花，一望就能感受到春季的温暖

　　油菜杂交种很多，品种间很难区分。欧洲油菜原产于欧洲，为一年生草本植物，可以用来提取菜籽油。花为亮黄色，茎为白色，上部叶子的叶基部抱茎。而原产于西亚的
芥菜和它较为相似，但芥菜的特征是茎上部的叶基部为耳形，不抱茎。

〔似〕〔植物〕

芥菜

产于欧亚地区，因叶子辛辣可
用，种子可以制成黄芥末而被
工栽培。叶基部细，不抱茎。

比较
介绍相似植物和同类植物。通过比较这些植物，可以让读者的观察力更敏锐。

欧洲油菜是日本为了提取菜籽油而引入的品种，现在已经野生化。

27

注释
介绍补充相关的信息和小知识。

花 朵目录

本书中的植物基本是按照花期顺序来排列的，在这里可以看到花朵图片和花色。

※ 实际花色会因生活地域和个体差异而有所变化。

花朵颜色

白色：	黄色：	橙色：
粉色：	红色：	紫色：
蓝色：	绿色：	褐色：

花朵颜色 ▶

春

3~5月
P26~139

水仙
P26

欧洲油菜
P27

春兰
P28

花韭
P29

伞花虎眼万年青
P29

阿拉伯婆婆纳
P30

泽漆
P31

天葵
P32

金疮小草
P33

普陀南星（开口南星）
P34

蔓长春花
P35

浙贝母
P36

老鸦瓣
P37

辽吉侧金盏花
P38

多被银莲花
P40

银线草
P41

碎米荠
P42

蜂斗菜
P43

药用蒲公英
P44

三叶委陵菜
P46

莓叶委陵菜
P47

无心菜
P48

括金板
P49

荠菜
P50

6

北美独行菜
P51

附地菜
P52

东北堇菜
P53

紫花堇菜
P54

钝叶车轴草
P56

宝盖草
P57

窄叶野豌豆
P58

四籽野豌豆
P59

毛茛
P60

鼠曲草
P61

漆姑草
P62

大丁草
P63

钩腺大戟
P64

早熟禾
P65

繁缕
P66

无瓣繁缕
P67

牛繁缕（鹅肠菜）
P67

蓬蘽
P68

皱果蛇莓
P69

蛇含委陵菜
P70

球序卷耳
P71

一轮草
P72

鹅掌草
P73

日本活血丹
P74

蝴蝶花
P75

大苞野芝麻
P76

野芝麻
P77

夏天无
P78

白及
P79

猫眼草
P80

仙洞草
P81

小列当
P82

香根芹
P83

地杨梅
P84

诸葛菜
P85

匍茎通泉草
P86

樱草
P87

天南星
P88

山琉璃草
P89

石龙芮
P90

紫背金盘
P91

萎莛
P92

镰叶黄精
P93

笔龙胆
P94

黄鹌菜
P95

刻叶紫堇
P96

大白茅
P97

金兰
P98

银兰
P99

猪牙花
P100

细齿南星
P101

剪刀股
P102

日本野生萝卜
P103

看麦娘
P104

紫云英
P105

豆瓣菜
P106

小叶韩信草
P107

泥胡菜
P108

假韭
P109

庭菖蒲
P110

峨参
P111

瓜子金
P112

钩柱毛茛
P113

细叶鼠曲草
P114

里白合冠鼠曲草
P115

匙叶合冠鼠曲草
P115

苦苣菜
P116

春飞蓬
P117

酸模
P118

小酸模
P119

薜菜
P120

光叶百脉根
P121

头花蓼
P122

珠芽景天
P123

黄菖蒲
P124

虎耳草
P125

拉拉藤
P126

日本独活
P127

薤白
P128

长荚罂粟
P129

多花黑麦草
P130

沼泽勿忘草
P131

小苦荬
P132

白屈菜
P133

大凌风草
P134

钝叶酸模
P135

酢浆草
P136

五桠果酢浆草
P137

直酢浆草
P137

细风轮菜
P138

蓟
P139

花朵颜色 ▶

夏
6~8月
P140~247

欧洲千里光
P140

红花酢浆草
P141

草木犀
P142

天胡荽
P143

车前
P144

长叶车前
P145

通泉草
P146

小茄
P147

裂叶月见草
P148

野老鹳草
P150

小窃衣
P151

鹅观草
P152

剑叶金鸡菊
P153

溪荪
P154

高雪轮
P156

打碗花
P157

白车轴草
P158

红车轴草
P159

白花紫露草
P160

半夏
P161

姬岩垂草
P162

粉花月见草
P163

刺蓼
P164

蔓柳穿鱼
P165

日本毛连菜
P166

牛至叶百合茄
P167

加勒比飞蓬
P168

宽叶香蒲
P169

紫露草 P170	矮桃 P171	野燕麦 P172	蕺菜 P173	穿叶异檐花 P174
紫斑风铃草 P175	绶草 P176	博落回 P177	乌蔹莓 P178	马兜铃 P179
圆叶玉簪 P180	雄黄兰 P181	乳茸刺 P182	球果假沙晶兰 P183	三白草 P184
山菠菜 P185	毒芹 P186	狭叶马鞭草 P187	日本路边青 P188	日本文殊兰 P189
疏花灯芯草 P190	北美刺茄 P191	歪头菜 P192	一年蓬 P193	半边莲 P194
垂序商陆 P195	长萼瞿麦 P196	欧洲猫耳菊 P197	斑地锦 P198	麦冬 P199

鸭茅
P200

卷丹
P201

天香百合
P202

心叶大百合
P203

新铁炮百合
P204

木防己
P206

千屈菜
P207

重瓣萱草
P208

异叶蛇葡萄
P209

日本薯蓣
P210

山慈藓
P211

桔梗
P212

三裂叶豚草
P213

苎麻
P214

毛马齿苋
P215

透骨草
P216

野菰
P217

小连翘
P218

马棘
P219

杜若
P220

长籽柳叶菜
P221

变豆菜
P222

剑叶沿阶草
P223

鸭跖草
P224

葛
P225

翼蓟
P226

野原蓟
P227

美国鳢肠
P228

龙牙草
P229

牵牛花
P230

血红石蒜
P232

萝藦
P233

王瓜
P234

日本栝楼
P235

鸡屎藤
P236

白头婆
P237

圆锥铁线莲
P238

女萎
P239

山黑豆
P240

射干
P241

鹿葱
P242

毛蕊花
P243

绵枣儿
P244

紫茉莉
P245

稗
P246

葱莲
P247

花朵颜色 ▶

秋

9~11月
P248~337

长鬃蓼
P248

粗毛牛膝菊
P250

凤眼蓝
P251

鸭舌草
P252

尖叶长柄山蚂蟥
P254

青葙
P255

虎杖
P256

中日老鹳草
P257

薏苡
P258

豚草
P259

关东马兰
P260

柚香菊
P261

香附子
P263

13

箭头蓼
P264

原野菟丝子
P265

苏门白酒草
P266

毛花雀稗
P267

戟叶蓼
P268

轮叶沙参
P269

鼠尾草
P270

升马唐
P271

东南茜草
P272

田麻
P273

白英
P274

鸡眼草
P275

秋海棠
P276

绞股蓝
P277

野大豆
P278

两型豆
P279

阔叶山麦冬
P280

吉祥草
P281

野线麻
P282

野慈姑
P283

地榆
P284

铁苋菜
P285

多须公
P286

锦葵
P287

具芒碎米莎草
P288

野茼蒿
P289

梁子菜
P289

硬毛油点草
P290

野凤仙花
P291

白花败酱（攀倒甑）
P292

败酱 P293	爵床 P294	金线草 P295	芦苇 P296	拟高粱 P297
黄背草 P297	截叶铁扫帚 P298	龙葵 P299	橙红萝藦 P300	知风草 P301
求米草 P302	紫苑 P303	薄荷 P304	西方苍耳 P305	芒 P306
荻 P307	何首乌 P308	毛当归（家独活） P309	狗尾草 P310	狼尾草 P312
黄秋英 P313	黄瓜菜 P314	毛果一枝黄花 P315	刺果瓜 P316	翅果菊 P317
日本当药 P318	菊芋 P319	石蒜 P320	五月艾 P321	日本乌头 P322

秋牡丹
P323

水蛇麻
P324

藜
P325

腺梗豨莶
P326

葎草
P327

鬼针草（原变种）
P328

天名精
P329

日本滨菊
P330

苈草
P331

紫花前胡
P332

龙胆
P333

虾夷龙胆
P333

高大一枝黄花
P334

大吴风草
P335

日本细辛
P336

综合目录

花草的基本知识

被子植物花的组成

花是植物的生殖器官。最古老的花出现在约一亿五千万年前，恐龙的鼎盛时期——侏罗纪后半期。后来，植物的叶子变形，形成了花萼，保护变成果实的雌蕊和产生花粉的雄蕊。花从外到内就是花萼、花瓣、雄蕊、雌蕊，有些植物的萼片和花瓣因无法分辨而合称为花被片，有些植物没有花瓣，还有些植物的花瓣变成了蜜腺。另外，菊科植物通常由管状花和舌状花这两种花聚集形成头状花序。

● 基本组成

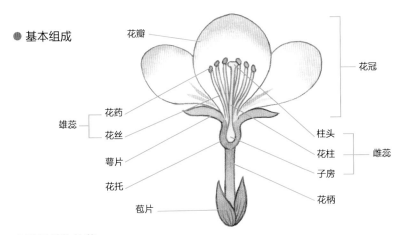

● 菊科植物的花

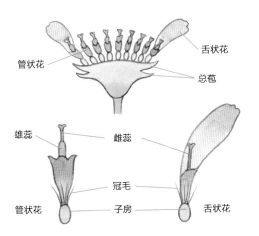

● 花各部分的名字

花的形状各不相同。例如，百合的萼片和花瓣样子相同，这样的萼片被称为外轮花被片，而花瓣被称为内轮花被片。另外，耳形天南星有佛焰苞，春兰下侧的花瓣呈唇形，被称为唇瓣。

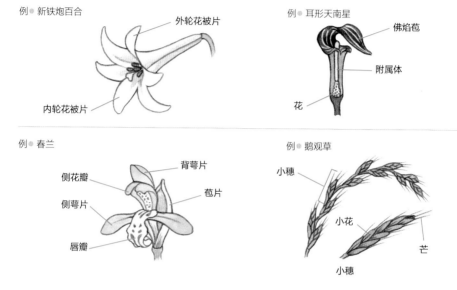

例● 新铁炮百合

外轮花被片

内轮花被片

例● 耳形天南星

佛焰苞

附属体

花

例● 春兰

背萼片

侧花瓣

苞片

侧萼片

唇瓣

例● 鹅观草

小穗

小花

芒

小穗

● 花形

花形根据品种而异，与授粉方法相对应。一般都与携带花粉的昆虫或鸟类的外形相适合。例如，东北堇菜在唇瓣后的距上分泌花蜜，方便昆虫吸吮。

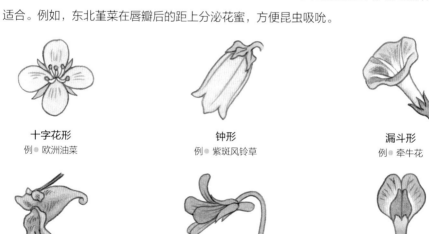

十字花形
例● 欧洲油菜

钟形
例● 紫斑风铃草

漏斗形
例● 牵牛花

唇形
例● 野凤仙花

堇花形
例● 东北堇菜

蝶形
例● 窄叶野豌豆

● 花序的种类

　　按照一定规则在花轴上排列的花簇被称为花序。品种不同，花的排列方式也不同，会有各种样式。

● 总状花序
细长的花轴上长着带花柄的花，从下到上依次开花。

例● 圆叶玉簪

● 伞房花序
总状花序的变形，许多花附着在花轴上，但下部花的花柄更长，而花序上面则是平的。

例● 败酱

● 穗状花序
细长的花轴上长着没有花柄的花，从下到上依次开花。

例● 车前

● 圆锥花序
形似总状花序的花轴进一步分枝，在分枝的最顶端开花。

例● 博落回

● 头状花序
也被称为头状花。花序的花轴为圆盘形，上面生长着许多没有花柄的花。

例● 药用蒲公英

● 伞形花序
在花轴的顶端长着花柄长度相同的放射状花朵，整个花序看起来呈半球形。

例● 日本独活

● 聚伞花序
花轴的顶端长着花，从侧面出来的分枝顶端也长着花，以此构造形成的花序。

例● 莓叶委陵菜

● 卷散花序
花序整体卷曲成螺旋状，也称为蝎尾花序或镰状聚伞花序。

例● 附地菜

19

叶子的组成和叶形

叶子里有叶绿素，是光合作用的重要器官，具有保护植物和储存养分等功能。其形态根据自然环境变化而有差异。

● 叶子的组成

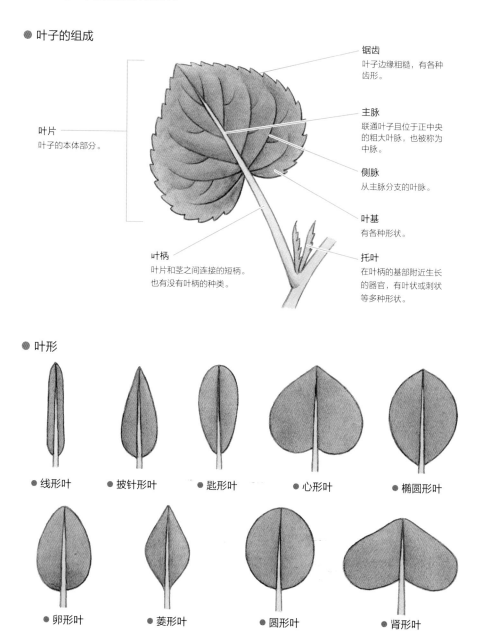

锯齿
叶子边缘粗糙，有各种齿形。

主脉
联通叶子且位于正中央的粗大叶脉，也被称为中脉。

侧脉
从主脉分支的叶脉。

叶基
有各种形状。

托叶
在叶柄的基部附近生长的器官，有叶状或刺状等多种形状。

叶片
叶子的本体部分。

叶柄
叶片和茎之间连接的短柄。也有没有叶柄的种类。

● 叶形

● 线形叶　　● 披针形叶　　● 匙形叶　　● 心形叶　　● 椭圆形叶

● 卵形叶　　● 菱形叶　　● 圆形叶　　● 肾形叶

● 叶子的生长方式

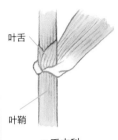

● 对生
2 片叶子在茎两侧相对
而生。

● 互生
每节上交互着生 1
片叶子。

● 轮生
每节上长有 3 片及
以上的叶子。

叶舌

叶鞘

● 禾本科

托叶鞘

● 基生叶
从地面附近的茎上长出的
叶子。

● 莲座状叶序
基生叶序的一种，呈莲座状。

● 蓼科

● 叶基

叶基的基本形状多种多样，这是区分品种的特征之一。

● 心形

● 楔形

● 耳形

● 箭形

● 戟形

● 单叶和复叶

　　有些叶子是由 1 片叶构成的单叶，有些叶子是由 2 片或多片小叶组成的复叶，复叶可以分为多种类型。其中，根据叶子的分枝数，羽状复叶可分为一回羽状复叶和二回羽状复叶等；根据小叶数，又分为奇数羽状复叶和偶数羽状复叶。

●单叶

●掌状复叶

●鸟爪状复叶

●二回羽状复叶

●奇数羽状复叶

●偶数羽状复叶

结果方式

　　果实是子房受精后膨大的产物，其中含有种子。果实随风飘扬，或被动物吃掉，或自己弹出，可以将种子带到很远的地方。

● 蓇葖果
果实被包裹在袋状果皮中，并从接缝处裂开。
例● 日本乌头

● 瘦果
果皮和种皮紧密连接。
例● 药用蒲公英

● 蒴果
由多个子房组成，垂直裂开后种子散出。
例● 东北堇菜

● 浆果
成熟后果皮（中果皮）变为液体或多肉质。
例● 龙葵

● 荚果
沿果皮两侧接缝裂开。一般为豆科植物的果实。
例● 两型豆

植物的专业术语

闭锁花
花一直是花蕾的状态，不会绽放，通过自花授粉结籽，如堇菜、宝盖草、及己等。

翅
在花柄、叶柄、果实等部位向侧面扩展的附属物。

雌雄同株
雌花和雄花都着生在同一植株上的现象。

雌雄异株
雌花和雄花分别着生在不同植株上的现象。

丛生
分蘖而出的草本植物聚集在一起生长。在树木上是指枝条成束生长，无明显主干。

单次结籽的多年生草本植物
多年生草本植物之一，一旦开花结籽后就会枯萎。

单叶
只有单片叶的叶子。

地上茎
生长在地上的茎。

地下茎
生长在地下的特殊形状的变态茎。根据其形状可分为根茎、

块茎、球茎和鳞茎。

对生
2 片叶子在茎两侧相对而生。

多年生草本植物
地下茎或根生活多年的草本植物，春季发芽，开花结籽，秋季地上部分枯萎。

二倍体
正常体细胞有两套染色体。多数种子植物都是二倍体。

二年生草本植物
从发芽到结籽，不到 2 年即可完成的草本植物。

分蘖
从茎基部节上产生分枝的现象。

腐生植物
从其他生物体上获得养分的植物。通常指的是那些没有叶绿素，不能自行生产养分，只能依靠菌根菌生存的植物。但是，也有一些植物即使有叶绿素，也无法提供自身需要的养分，必须依赖菌根菌生存。

复叶
由 2 片或 2 片以上小叶组成的叶子。

副芽
备用芽。当主芽无法发育时，副芽就会代替主芽进行发育。

秆
禾本科植物的茎。节十分明显，有些节与节之间是空心的。

根茎
生长在地表以下、看起来像根的茎。

孤雌生殖
卵细胞无须授粉即可结籽。具有与母本相同的基因，比如蒲公英或蕺菜。

归化植物
原本区内无分布，从另一地区移入后在本区内正常繁殖后代，并大量繁衍成野生状态。

果实
受精后膨大的雌蕊子房，内有种子。

果序
果实在轴上的排列方式。

合蕊柱
主要出现在兰科植物中，雌蕊花柱和雄蕊合为一体，顶端有花粉块。

黑腺点

在叶子上出现的微小黑点，内含分泌物。

互生

茎的每个节上交互着生 1 片叶子。

花盘

花托（花床）的一部分膨大呈圆盘状，包裹着雌蕊和雌蕊的下部，并分泌花蜜。

花序

许多花按一定顺序排列的花枝。

花

种子植物的生殖器官。

基生叶

有些植物的茎极为短缩，节间不明显，似从根部长出叶子。

寄生植物

寄生或半寄生于其他生物体（寄主）上或体内，从寄主获取营养的植物。

假果

由子房以外的器官膨大形成的果实。

距

花瓣基部延长或萼筒一边向外凸起的一种管状或囊状结构，其中储存了花蜜。

锯齿

叶子边缘毛糙且呈锯齿状的部分。

空心

茎等内部是中空的。

块茎

营养物质在地下茎的顶端储存，使其膨大成块状。

棱

茎或果实上形成的条状突起。

莲座状叶序

基生叶集中形成莲花状排列方式的一种叶序。

两性花

一朵花中同时具有雄蕊和雌蕊。

亮点

叶子等部位出现的透明且微小的腺点，内有分泌物。

鳞茎

由许多肥厚的肉质鳞叶包围的扁平或圆盘状的地下茎，如百合、洋葱等。

零余子

也称为珠芽。在叶子的基部形成的球形芽，落到地面上就能长出新的植株。

轮生

每节有 3 片或更多的叶子呈轮状生长。

葡匐茎

从茎的基部抽出，在地上葡匐生长的茎，也称为葡匐枝。

球根

在地下膨大的茎和根的总称，是园艺常用术语。

球茎

储存营养物质并膨大成球形的地下茎，比如芋头、魔芋、慈姑等。

全缘

叶子的边缘没有裂开的状态。

三倍体

体细胞中具有 3 套染色体，不能产生正常的花粉和卵，通过孤雌生殖和营养繁殖而增殖。

实心

茎等内部被髓质填满。

托叶鞘

围绕茎的鞘状托叶。

托叶

叶柄基部附近长出的小叶或刺状植物器官。

无柄

叶子没有叶柄的状态。

腺点

叶子背面储存分泌物的小突起。

腺毛

顶端具有分泌细胞，膨大成球形，是可以分泌黏液的毛状体。

小叶

复叶上的小叶片。

雄蕊先熟

两性花中，为了防止自花授粉，雌蕊和雄蕊成熟期错开，雄蕊先成熟，然后雌蕊再成熟。

学名

植物的世界通用名，由"属名"和该品种的特征、人名、地名等"种加词"组成。由卡尔·冯·林奈发明，也被称为"双名法"，根据国际植物学命名规则进行命名（P343）。

叶柄

位于叶子的基部，连接叶片和茎之间的部分。

叶间托叶

对生叶子的基部托叶合为一体。

叶腋

叶与其着生的茎之间形成的夹角。

一年生草本植物

春季发芽，从春季到夏季开花结籽，并在当年枯萎。

一日花

开花当天就凋谢的花。

营养繁殖

在植株生殖器官以外的其他部位进行繁殖，如球根、鳞茎、匍匐茎顶端、根尖、繁殖芽等。增殖个体与亲本基因相同。

油点

植物细胞间隙或细胞内储存分泌物的地方。

有柄

叶子有叶柄的状态。

羽片

聚集成羽状复叶的次级小叶。

越年生草本植物

秋季发芽，在度过冬季时叶子不会枯萎，在春季开花结果，在夏季结籽枯萎，也被称为冬季一年生草本植物。

种翅

参照种子附属物。

种缨

种子上附着的成束长毛。

种子附属物

附着在种子顶端及其周围的附属物，如种翅、种阜等。有些种子附属物能粘在引来的蚂蚁身上，这种植物被称为蚁布植物，如堇菜类、猪牙花和细辛等。

珠芽

从叶腋处长出的小鳞茎，又称零余子。

主芽

冬芽之一，在春季发育。

柱头

雌蕊顶端接受花粉的部分。

子叶

种子植物胚的组成部分之一，可以储存养分，是出现在地面上的第一片叶子。但是，白栎等植物的子叶不会伸出地面，为留土萌发。通常双子叶植物有2片子叶，单子叶植物有1片子叶，裸子植物的子叶一般为2片以上。

自花授粉

植物接受本体花粉授粉的现象。

总苞／总苞片

总苞是花序基部苞片的总称。其中每片苞片被称为总苞片。

从外面能看到 3 枚雄蕊

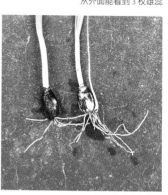

鳞茎像小个的洋葱

一般生长在海边附近的道旁或丘陵地区

水仙

Narcissus tazetta var. *chinensis* 　石蒜科

白色

生长地	海岸、道旁
高 度	20~40 厘米
花 期	12 月 ～ 第二年 4 月

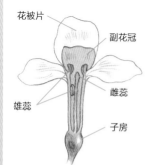

花被片

副花冠

雌蕊

雄蕊

子房

冬季绽放，迎春之花

　　从地中海沿岸到中亚、中国等地均有分布，是在很早以前传入日本（史前归化植物）的多年生草本植物。花茎顶端有数朵花绽放，花被片为白色。水仙有 6 枚雄蕊，雌蕊矮于里面的黄色副花冠。无法结籽，只能通过鳞茎增殖。一般庭院或花园里种植的水仙品种为黄水仙等，美丽动人的花朵常常预示着春季到来。

水仙是一种有毒的草本植物。经常有将水仙的鳞茎误认为是洋葱，或是将水仙叶子误认为是韭菜而误食中毒的例子。

花瓣有 4 片, 是十字花科植物

叶基部抱茎

成片群生, 仿佛要被黄色的花朵淹没一般, 是春季的代表植物

欧洲油菜

Brassica napus 十字花科

黄色

生长地	河岸
高 度	约 100 厘米
花 期	3~4 月

春
季
植
物

相似植物

*芥菜

原产于欧亚地区, 因叶子辛辣可食用, 种子可以制成黄芥末而被人工栽培。叶基部细, 不抱茎。

也被称为油菜花, 一望就能感受到春季的温暖

　　油菜杂交种多, 品种间很难区分。欧洲油菜原产于欧洲, 为一年生草本植物, 可以用来提取菜籽油。花为亮黄色, 茎为白色, 上部叶子的叶基部抱茎。而原产于西亚的芥菜和它较为相似, 但芥菜的特征是茎上部的叶基部为耳形, 不抱茎。

欧洲油菜是日本为了提取菜籽油而引入的品种, 现在已经野生化。

27

白色的唇瓣上有红紫色斑纹

姿态高雅　　　　　　　　　果实里有大量细小的种子

春兰

Cymbidium goeringii　兰科

白色

生长地	林地
高度	10~25 厘米
花期	3~4 月

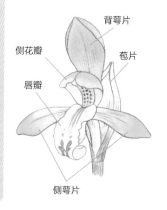

背萼片

侧花瓣

苞片

唇瓣

侧萼片

早春绽放，香气浓郁

春兰是多年生常绿草本植物。通常只开 1 朵花。花萼为浅绿色，白色的唇瓣上有红紫色斑纹。春兰因外观独特而受到人们喜爱，但由于常常被人挖走，近年来数量在不断减少，如果能在野外遇到真是意外之喜！春兰的叶子为线形，边缘呈细锯齿状且粗糙，这是春兰的特征之一。将盐渍或梅渍的春兰花用热水冲泡后就是兰花茶。

 名字的意思是春季绽放的兰花。

花韭

Ipheion uniflorum 石蒜科

白色

生长地	花坛、田边、道旁
高 度	10~20 厘米
花 期	3~4 月

香气逼人，是春季的一抹亮彩

原产于南美洲阿根廷的多年生草本植物。明治时代作为观赏植物被引入日本，现在已经野生化。该品种有香气，通常长于道旁。因为剪下叶子或茎后，闻起来像韭菜而得名，也叫春星韭。

 与伞花虎眼万年青一起被称为伯利恒之星。

伞花虎眼万年青

Ornithogalum umbellatum 天门冬科

白色

生长地	公园、庭院、林边
高 度	约 20 厘米
花 期	3~5 月

纯白之花，别具一格

原产于欧洲的多年生草本植物，于明治时代末期作为观赏植物被引入日本。在日本全境都已经野生化，具体细节尚不清楚。在东京的新宿御苑和小石川植物园，每年 4~5 月都能看到成片的纯白之花。

 伞花虎眼万年青有毒。

春季植物

29

自花授粉

一片蓝紫色的花

果实呈肾形

阿拉伯婆婆纳

Veronica persica 车前科

蓝色

生长地	田边、道旁
高　度	10~40 厘米
花　期	3~4 月

* 婆婆纳

比阿拉伯婆婆纳小，在路边的石缝或草地等处生长。根据日本环境省的红色名单显示，婆婆纳的灭绝风险正在增加。图中圆圈内为婆婆纳的果实。

英语名意为猫眼的小花

　　原产于欧洲的二年生草本植物，1887 年引入日本，与婆婆纳相似但株型比婆婆纳大。茎分枝并向侧面伸展。叶子为卵形，边缘呈大锯齿状。绀蓝色的花着生在茎上部的叶腋处，每处 1 朵，开花后 2~3 天凋落。未授粉的花朵可以自花授粉。

花朵可以根据光照的强弱开闭，在雨天花朵一般会闭合。

杯状花序

匙形叶，边缘呈细锯齿状

鲜绿色的叶状苞十分显眼

泽漆

Euphorbia helioscopia 大戟科

黄色

生长地	堤坝、田边、道旁
高 度	约 30 厘米
花 期	3~4 月

花像古代用的灯台

二年生草本植物，喜欢生长在阳光充足的地方，从春季到夏季开花结籽。茎有1根的，也有从根部分蘖出几根直立的。叶子为匙形，互生，在茎顶端五叶轮生（叶状苞）。从叶子基部呈放射状抽出枝条，在枝条顶端簇生着2~3个花簇，花簇中心呈杯状花序，总苞的裂片间有4~5个黄色椭圆形的腺体，这些腺体能分泌花蜜。

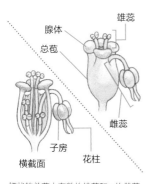
横截面
雄蕊
腺体
总苞
雌蕊
子房
花柱

杯状的总苞中有数枚雄蕊和1枚雌蕊。

灯台是一种古老的照明设备，通过点燃浸入油盘中的灯芯进行照明。

有 5 片白色萼片

小叶深裂

姿态可爱小巧

天葵

Semiaquilegia adoxoides 毛茛科

 白色

生长地	石缝、树荫下
高 度	15~30 厘米
花 期	3~5 月

图为天葵的果实，成熟后分成2~4
个，裂开后露出黑色的种子。

不起眼的小白花

　　天葵是一种在早春开花的小型多年生草本植物，在地下有块根（根膨胀的细长部分）。抽出很多基生叶，叶子分为 3 片小叶，背面有白色或紫色条纹。花很小，直径为 4~5 毫米，朝下开放。萼片看起来像白色的花瓣，而真正的花瓣在萼片内部，是黄色的。在花瓣下有距。

果实像乌头，所以也叫小乌头。

雄蕊伸出花外

匙形叶

叶子在地面上展开，像莲座一般

金疮小草

Ajuga decumbens 唇形科

紫色

生长地　山坡草地、道旁、林边
高　度　约5厘米
花　期　3~5月

相似植物

＊粉色金疮草

粉色的金疮小草品种，十分稀有，而且很好看。

紧贴地面成片生长

　　多年生草本植物，别名为散血草。茎在地面上分枝、匍匐。这种植物有许多功效，在民间有"能从地府救回病人"的传说。茎和叶子密布着卷曲的白毛，叶子平坦宽阔，边缘呈钝波浪状。深紫色的花朵生长在叶腋处。虽然是唇形花，但几乎没有上唇。

春季植物

唇形科植物茎的横截面通常为方形，但金疮小草的为圆形。

佛焰苞中隐藏着花

两片叶子间长出铠甲状的佛焰苞

小叶的顶端呈很细的丝状

普陀南星（开口南星）

Arisaema ringens 天南星科

绿色

生长地	稍微潮湿的林中
高度	20~50 厘米
花期	3~5 月

深秋结出的红色果实有毒，美丽但不能食用。

花的形状独特，有些令人不舒服

雌雄异株的多年生草本植物。地下有球茎，周围有小个的块茎。从球茎中长出叶子。茎上有 2 片长柄叶，每片叶子分为 3 片小叶，小叶的边缘光滑。从叶间伸出的茎顶端长有佛焰苞，在佛焰苞的外表面排列着绿色、紫色和白色的条纹。因为佛焰苞整体酷似马镫，所以日语里称其为武藏镫。

春季植物

🌱 全株都有毒。

34

浅紫色的花十分引人注目

光滑的叶子赏心悦目

耐寒、耐干燥，有很强的繁殖力

蔓长春花

Vinca major 夹竹桃科

紫色

生长地	住宅附近、道旁、林中
高 度	20~50 厘米（藤蔓长度）
花 期	3~5 月

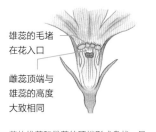

雄蕊的毛堵
在花入口

雌蕊顶端与
雄蕊的高度
大致相同

花的雄蕊和雌蕊的顶端形成盘状，且
高度相同。这是为了堵住花的入口，
防止采蜜的蚂蚁等昆虫损害花朵。

紫色的花朵点缀在有光泽的绿叶间

原产于欧洲的归化植物，是半匍匐的多年生草本植物。花是浅紫色的，花茎微直，叶茎在地面匍匐生长。叶子对生，有叶柄，呈卵形，有美丽的光泽。当切开茎后，会有乳液流出。最开始，蔓长春花用作园艺中的地被植物，或是防沙，后来渐渐野生化，在房屋附近或林间都能看到，并不断繁殖。

 蔓长春花是长春花（日日草）的同类。

花瓣上的斑纹呈网状

偏好半日阴的地方　　　　　　翅果的形状独特

浙贝母

Fritillaria thunbergii　百合科

黄色

生长地	林中
高度	30~80 厘米
花期	3~5 月

具有形状独特的叶子、花和果实，颜色朴实

　　原产于中国的药用植物，也常作为观赏植物，是多年生草本植物。浅黄色的钟形花下垂绽放，有6片花被片，花朵形状像编织的斗笠。线形叶，叶子微宽，长约10厘米，茎上有3~4片叶子轮生。有趣的是，浙贝母上部的叶子长，卷曲且呈藤蔓状，可以盘绕在其他植物上。

鳞茎是球形的，如同两个半球合为一体。中药里的贝母是指干燥后的鳞茎。

　浙贝母外形内敛而独特，是十分受欢迎的茶道用花。

36

花朵酷似郁金香

鳞茎可食用

从春季到冬季休眠，早春开花

老鸦瓣

Amana edulis 百合科

白色

生长地	田野
高 度	15~20 厘米
花 期	3~5 月

在草地上探出的白色花朵让人感受到春季的到来

多年生草本植物。从地下的鳞茎上长出 2 片线形叶，自叶子中间抽出花茎。在花茎顶端长着酷似郁金香的白色花朵，日照变化情况会影响开花。有 6 片花被片，上面有深紫色条纹。鳞茎有甜味。同为百合科的相似植物还有二叶老鸦瓣，它们都是春季短生植物。

● 二叶老鸦瓣的叶子和苞片

苞片

在叶子的
中央有白色的筋

二叶老鸦瓣花茎上的苞片有 3 片，老鸦瓣有 2 片。二叶老鸦瓣的叶子中央有白色条纹。

 鳞茎酷似慈姑，又名光慈姑。

春季植物

37

金黄色的花朵十分显眼

与胡萝卜的叶子相似，是细裂叶

春季短生植物的一种

辽吉侧金盏花

Adonis ramosa　毛茛科

黄色

生长地	落叶林中
高　度	10~15 厘米
花　期	3~5 月

相似植物

＊陆奥侧金盏花

萼片长度大约是花瓣长度的一半，在日本分布在本州和九州地区。此外，还有北见侧金盏花（分布在北海道）和四国侧金盏花（分布在本州、四国和九州）。

庆祝新年活动时常用的装饰植物

　　温带落叶林中常见的多年生草本植物，有毒。有数片萼片和 20~30 片花瓣，像卫星天线一样排列在一起。花瓣反射的光聚集在花中央，使温度升高，当昆虫靠近后就可以帮助传粉。当花朵绽放时，叶子还没有长出来。通常开花后，茎会长到 25~30 厘米，然后才会长叶。5 月下旬，周围其他树木生长十分茂盛时，辽吉侧金盏花的地上部分会结籽枯萎。

 被认为是能带来幸福和长寿的植物，是常用的新年装饰植物。

春季短生植物的种类

　　春季短生植物，是春季到来时在落叶乔木下发芽，并在树木的叶子长出后消失的植物，也被称为短命植物或短营养期植物。在约2个月的短暂时间内，它们会为明年存储养分。从夏季到冬季，这类植物的地上部分枯萎，并在地下越冬。

❖ 日本菟葵

一般在春节前后盛开。白色萼片的内侧，排列着棒状花瓣。花瓣分叉成两股，顶端的黄色部分能分泌出花蜜。

❖ 顶冰花

线形基生叶，微厚。花茎的高度为15~25厘米，开大花，黄色的花被片顶端较钝。在晴天开花，在傍晚闭合。

❖ 匍茎人字果

花（萼片）是白色的，朝上开花，外侧通常有紫色条纹。真正的花瓣是内侧的黄色部分。在沼泽等潮湿的地方经常看到这种植物。

❖ 单花韭

生长在山野中的小型短生植物。有一两片短小的线形叶，叶子的横截面为半月形。花茎顶端长着白色或略带浅红色的花朵，雌雄异株。

花萼看上去像花瓣

花茎上有细小的毛

在林区湿润地区簇生，茎上的叶子微微下垂

多被银莲花

Anemone raddeana　毛茛科

 白色

生长地	林边、林中
高　度	10~25 厘米
花　期	3~5 月

春
季
植
物

春季在林中短暂出现的花朵

在杂树林中群生的多年生草本植物。从根部长出 1 片叶子，复叶的小叶为卵形。茎上长出 3 片深裂叶。在茎的顶端只开 1 朵花。这种植物遍布日本各地，是典型的春季短生植物。

相似植物

＊ 银莲花（*Anemone pseudoaltaica*）

银莲花中心部位是白色的，多被银莲花则有黑色条纹。银莲花的小叶为深裂叶。

在日本关东地区经常能见到，只开 1 朵花。

雄蕊长在子房侧面

2 组对生叶，相互之间十分接近

刚刚绽放的白色花朵被紫红色的叶子包裹着，看上去很漂亮

银线草

Chloranthus japonicus　金粟兰科

白色

相 似 植 物

＊及己

在日本北海道和九州的森林中生长的多年生草本植物。通常有 2 个穗状花序，有时也有 4 个或 5 个。日语汉字名为二人静，取自日本能乐，2 个花穗像静御前在跳舞。

生长地	林中
高 度	15~30 厘米
花 期	4~5 月

林中的清丽精灵

　　多年生草本植物。2 组对生叶在茎顶端形成十字形，叶子之间距离较近，因此看起来像轮生。中心有 1 个白色穗状花序。没有花瓣或花萼，这种花被称为裸花。花轴周围有许多白色的雄蕊，非常突出。3 枚雄蕊，中心处的一枚没有花药。雄蕊靠近雌蕊的子房。

 花穗一枝独秀，仿若日本古代名将源义经的侧室静御前一般清丽脱俗。

春季植物

41

花茎上也有叶子

开许多白花，十分显眼   复叶像鸟的羽毛一样

碎米荠

Cardamine occulta　十字花科

 白色

生长地	田埂、河岸、阴湿的道旁
高度	10~30 厘米
花期	3~5 月

预示着春季到来，督促人们浸种耕种

　　生长在田埂等潮湿地方的二年生草本植物。从植物的下部分枝，绽放出许多白花。叶子为羽状复叶，小叶1~8对，深裂叶。花瓣4片，为白色，花萼为紫色。果实外形独特，呈细长线形，被称为长角果。同类还有粗毛碎米荠，是一种归化植物，其长角果的柄直立在茎上。

 相似植物

＊粗毛碎米荠

原产于欧洲的归化植物，在很短时间内就传遍日本。粗毛碎米荠生长在干燥的道边，花茎上的叶子比碎米荠少。

 碎米荠开花时，人们会开始浸种，准备耕种。

雌株边缘的雌花的花冠为丝状

叶子的直径为 15~30 厘米

开始开花的雄株。虽然都是两性花，却不结籽

蜂斗菜

Petasites japonicus　菊科

 白色

生长地	草地、林边
高　度	10~30 厘米
花　期	3~5 月

雌株的花朵为白色，花朵凋谢时花茎
能长到约 70 厘米高。果实有冠毛，可
以飞得很远。

让人感受到早春来临的花朵

　　雌雄异株的多年生草本植物，是人们非常熟悉的植物
之一。带着冠毛的种子可以飞得很远。雌株的花的边缘多
数是雌花，内侧有少量两性花。雄株比雌株矮，花药为黄
色，十分显眼。叶子形状接近圆形。叶子和茎都可以食用，
但是需要去掉涩味。此外，刚开始开花的花茎在日语里被
称为"蕗台"，是典型的春季野菜。

 据说在过去，人们用蜂斗菜的叶子当卫生纸使用。

大型的头状花序

叶子的形状根据生长地区和季节而变化　　结籽时植株很高，这样种子可以飞散得更远

药用蒲公英

Taraxacum officinale 菊科

黄色

生长地	荒地、道旁
高　度	10~20 厘米
花　期	全年都可以开花，不过以 3~5 月为主

春季植物

外层总苞片

药用蒲公英的特征是外层总苞片从花蕾处向下弯曲，而日本本土品种没有这一特征。

全年都可以开花，适应能力和繁殖力都很强

　　原产于欧洲的归化植物，又名西洋蒲公英，为多年生草本植物。有一种说法是，当年日本的札幌农学校建立时，外国老师把药用蒲公英当作蔬菜进行种植，导致其在日本各地传播。从侧面看花的形状类似于半张鼓，腺毛的外观就像是舞台彩排用的长矛。与日本本土植物有杂交种。

由于杂交种不断增加，近年来纯种的日本蒲公英在不断减少。

日本蒲公英的种类

日本本土的蒲公英大约有 15 种，与药用蒲公英相比，日本本土的蒲公英种子大但数量少，需要异花授粉，且花期短，适应能力差。最近，已经发现了许多与药用蒲公英的杂交种。日本本土的蒲公英的外层总苞片闭合这一点与药用蒲公英不同。

❖ 关东蒲公英

从日本关东地区到中部地区均有分布。外层总苞片闭合，顶端的角状突起的长度为 1~3 毫米，十分显眼。

❖ 白花蒲公英

花朵为白色。外层总苞片从花蕾处略微向外弯曲，顶端有大的角状突起。从日本本州（关东以西）到九州地区均有分布。

❖ 关西蒲公英

通常分布在日本西部的平原地区，以近畿地区为主。外层总苞片卷曲且小，边缘有浓密的茸毛。顶端几乎没有角。

❖ 虾夷蒲公英

通常分布在日本北部的农村地区。外层总苞片部分鼓起并卷曲，覆盖了总苞的一半。边缘有茸毛，顶端没有角状突起，呈瘤状。

花瓣顶端鼓起

黄色的花朵成片生长，十分华美

观察的重点是 3 片小叶

三叶委陵菜

Potentilla freyniana 蔷薇科

黄色

生长地	丘陵、草地、平原
高度	15~30 厘米
花期	3~5 月

相似植物

* 翻白草（叶）

翻白草的叶子背面覆盖着白色茸毛，肥大的块根味道像栗子，因此在日本有土栗子之称。而三叶委陵菜的块根坚硬，不可食用。

主要特征是有 3 片小叶，为春季的原野染上一抹黄色

常生长在阳光明媚的草原和丘陵地区的多年生草本植物。除了种子繁殖外，还可以通过匍匐枝（在地面上爬行的茎）来增殖。叶子由 3 片小叶组成，正面为绿色，背面为白绿色，叶缘呈锯齿状。植株基部的叶子较大，而匍匐枝顶端的叶子较小。花茎直立，茎上有数十朵直径为 10~15 毫米的黄色花朵。

三叶委陵菜与翻白草外观相似，区别在于三叶委陵菜有 3 片小叶。

花和花药都是黄色的

没有匍匐枝

密集生长的黄色花朵围成一圈

莓叶委陵菜

Potentilla fragarioides var. *major*　蔷薇科

黄色

生长地	草原、山地、平原
高　度	5~30 厘米
花　期	4~5 月

相｜似｜植｜物

＊ *Potentilla togasii*

有 5 片小叶，下面的 1 对叶子很小，有时没有。生长在本州的日本海一侧，在新潟县以北地区均有分布，又叫越后雉筵。

黄色花朵铺满地面的景色十分美好

　　常生长在阳光明媚的草原、山地和丘陵地区的多年生草本植物。羽状复叶，由 5~9 片小叶组成，顶端 3 片小叶的大小几乎相同，看起来像三叶委陵菜，不过可以通过下面的小叶进行区分。此外，与三叶委陵菜的不同还在于它没有匍匐枝。花序上有许多花，渐次绽放。特征之一是整个植株上被粗毛。

春季植物

在地面上成圆圈状生长，像野鸡坐的席子，所以又叫雉子筵。

在道旁绽放出许多小花

花朵直径为 7 毫米左右

叶子很小，没有叶柄

无心菜

Arenaria serpyllifolia　石竹科

白色

生长地	草丛、田边、道旁
高　度	5~25 厘米
花　期	3~6 月

相似植物

* 雀舌草

叶子小巧可爱。雀舌草 5 片花瓣深裂，乍看起来好像有 10 片。

脚边的白色小花让人不由驻足

　　一年生或多年生草本植物。茎经常发生分枝，布满有向下生长的毛。叶子无柄，对生，叶子两面都有茸毛。花瓣有 5 片，比花萼短，花瓣顶端不开裂。雀舌草与无心菜的日语名字相似，同属于石竹科但不同属，和繁缕同属，同是多年生草本植物，雀舌草的花瓣与花萼长度相等，花瓣顶端裂为两瓣。叶子没有茸毛。

在日语中又名蚤缀，意思是跳蚤穿的粗服，是将一小片叶子比喻成一件能让跳蚤穿的衣服的意思。

有杯状花序的典型植物

果实上有疣状突起

因栖息地减少而濒临灭绝

括金板

Euphorbia adenochlora 大戟科

生长地	河岸、湿地
高　度	30~50 厘米
花　期	3~6 月

括金板喜欢生长在湿地上，气候干燥时就会消失。常常通过地下茎繁衍出一个大群落。在芦苇生长茂盛的夏季，括金板的地上部分就会枯萎，一般在早春，也就是芦苇茂盛前它就开始生长开花。

春季将湿地染成一片黄色

　　尽管是多年生草本植物，但地上部分在夏季会枯萎。叶子在茎上互生，植株上面的 5 片叶轮生。开花后，只有上部互生和轮生的叶子变黄。花是大戟科特有的花序，被称为杯状花序。花只有雄蕊和雌蕊，看起来像花瓣的部分是腺体，分泌花蜜。

 切下茎上的叶子会分泌出白色汁液，该汁液对皮肤有刺激作用。

花朵为十字花形

细小的白色花朵十分显眼。果实呈三角形

果实可以用来玩游戏

荠菜

Capsella bursa-pastoris 十字花科

白色

生长地	田边、道旁
高　度	10~15 厘米
花　期	3~6 月

相似植物

* 葶苈

葶苈又名狗荠，花是黄色的，果实为椭圆形，上面有毛。

自古以来就很受欢迎的春季代表性野花

果实为心形，像三味线的拨子。基生叶呈莲座状，羽状分裂，但茎顶部的叶子不分裂。花序底部结出果实的同时，穗状花序仍然生长并继续开花。有人说它是一种二年生草本植物，秋季发芽，但实际上它会根据生长环境而变，从春季到秋季都会发芽，并没有明显的界限，这种生长习性可以让荠菜分散风险，更好地繁衍。

 荠菜是日本春季七草之一，柔软的基生叶在正月初七常被做成七宝羹食用。

花很小，不引人注目

叶缘呈锯齿状

带有果实的植株，上面部分十分繁盛

北美独行菜

Lepidium virginicum　十字花科

 白色

生长地	荒地、住宅附近
高　度	15~60 厘米
花　期	4~6 月

果实近圆形，顶端凹陷。种子是红褐色的扁椭圆形，翅果。

茎上长有像指挥棒一样的果实

　　原产于北美洲的一种归化植物，是一年生或二年生草本植物，常见于住宅附近或荒地中。茎直立，顶部分枝。基生叶为倒披针形的莲座状，茎上的叶子细长，呈窄卵形，叶缘有或没有锯齿。花序由许多白花组成。北美独行菜比相似的荠莫小。其日语汉字名有"军配"两字，意为军事指挥官使用的指挥棒，因其果实像指挥棒而得名。

 在日本，由于最初是在神户市找到的，因此也被称为神户荠菜。

春季植物

花瓣相连

叶子有柄，互生。花序不停地生长

幼苗。叶子呈放射状生长

附地菜

Trigonotis peduncularis 　紫草科

蓝色

生长地	田边、道旁
高　度	5~40 厘米
花　期	3~6 月

相似植物

＊柔弱斑种草

附地菜的花柄下没有苞片，花冠基部为黄色。而柔弱斑种草有苞片，花冠基部为白色。

春季小花，天蓝色和黄色的搭配赏心悦目

在田边或道旁经常能见到的二年生草本植物。卵形叶，摩擦叶子会散发出淡淡的黄瓜味，所以又名黄瓜香。花序的顶端像蝎尾一样卷曲，随着花朵逐渐绽放，花序会慢慢伸直。这称为卷散花序（蝎尾花序），是紫草科的特征。类似的植物有柔弱斑种草。

 在日语里和稻槎菜有相同的别称，要注意不要弄混。

这就是东北堇菜的花

叶柄上有翅

道旁深紫色的花十分显眼

东北堇菜

Viola mandshurica 堇菜科

紫色

生长地	丘陵、道旁
高度	6~20 厘米
花期	3~6 月

有代表性的野生堇菜

多年生草本植物，喜欢阳光充足的地方。一般"堇菜"就是指本品种，不过有时也指所有堇菜类。细长叶片的顶端是圆形的，花色为深紫色，有时也有浅紫色的个体，是具有代表性的野生堇菜。

果实成熟后会裂成三瓣，不久种子就会被蚂蚁带去远方，种翅是蚂蚁的最爱。这样的植物被称为蚁布植物。

 关于其名字起源的说法很多。

紫色的纹路是蜜标（帮助昆虫找到花蜜的标志）

簇生的美丽的花　　　　　　　　　裂成梳子状的托叶

紫花堇菜

Viola grypoceras var. *grypoceras*　堇菜科

 紫色

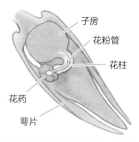

子房
花粉管
花柱
花药
萼片

没有花瓣的闭锁花的横截面。闭合的花朵用自己的花粉受精，使后代具有相同的遗传基因。

生长地	草地、林边
高　度	5~15 厘米
花　期	2~5 月

叶子为心形，是十分受欢迎的堇菜品种

日本关东地区最常见的堇菜品种，是多年生草本植物。关东地区经常有开浅紫色花朵的簇生堇菜，一般就是这个品种。心形叶，叶缘呈锯齿状。在花朵凋谢的初夏来临时，会长出像乌鸦喙一样的闭锁花。堇菜有两种类型，一种是在地上茎伸展的有茎品种，另一种是地上茎不伸展的无茎品种。本种是前者。

 日语汉字名为立坪堇，坪指的是花园，意为在花园中盛开的堇菜。

董菜的种类

　　日本生长着多种类型的董菜，大约有 60 个归化品种和 4 个本土品种，再细分则超过 200 种。董菜原产于南美洲，原本是木本植物，据说在北移时为了抵御寒冷变为草本植物。实际上，董菜科的 23 属 800 种中，有 500 种为木本植物。

❖ 犁头草

生长在路边或丘陵，在散步道边经常看到，高 5~12 厘米，花为浅紫色。日语名虽是"小董"，但其实是中型董菜。

❖ 紫花地丁

生长在路边或房屋附近，高 4~8 厘米。叶片两面长有柔软的短毛，花朵呈蓝紫色。

❖ 戟叶董菜

生长在田边、河岸或道旁，高度为 5~15 厘米。花色从白色到浅紫色都有，花色丰富，像黎明的天空。

❖ 日本球果董菜

生长在森林中或森林边缘，高 3~8 厘米。在紫色和浅紫色的董菜中开花最早。果实为球形，种子会掉落到地上。

❖ *Viola bissetii*（长叶董菜）

生长在森林中和森林边缘，高度为 5~12 厘米。花为浅紫色。分布在日本本州到九州地区的太平洋一侧。在日本海一侧分布的该品种株型稍大。

花序基本呈球形

小花簇生，十分好看

枯萎的花瓣中有果实

钝叶车轴草

Trifolium dubium 豆科

黄色

相 1 似 1 植 1 物

* 草原车轴草

比钝叶车轴草大一圈，花朵数也更多。决定性的区别是花瓣上的脉络是否凹陷，有凹陷的是草原车轴草。

米粒大小的小黄花姿态十分可爱

原产于欧洲和西亚的归化植物，一年生或二年生草本植物。羽状复叶，由 3 片小叶组成。小叶为卵形，几乎没有毛。5~20 朵花聚集成球形，花朵凋谢后变成褐色，像白车轴草的残花。果实为椭圆形，内有 1 粒种子。种子的形状也是区分钝叶车轴草的特征之一。

生长地	街道旁、草坪
高 度	10~60 厘米
花 期	3~6 月

 钝叶车轴草于 1935 年在日本荒川岸边被发现，因花像米粒大小而在日语中名为米粒草。

下唇是蜜蜂停驻的地方

扇形叶，叶缘的锯齿微圆

小而圆的闭锁花，花不绽放

宝盖草

Lamium amplexicaule　唇形科

紫色

生长地	田边、道旁
高　度	10~30 厘米
花　期	3~6 月

闭锁花，自花授粉，雌蕊和雌蕊接触，花粉附着在雌蕊上。

簇生的粉色小花将周围都渲染成粉色

在田边和道旁经常能看到的一年生草本植物。茎为细长的四棱形，直立或倾斜向上生长，在顶部分枝。叶子对生，下部的叶子有长柄。上部的叶子没有叶柄，抱茎，在叶腋处会开出数朵红紫色的唇形花。上部的叶子抱茎，像佛陀的莲座，又叫佛座草。

 在日语中，春季七草中的宝盖草是曾被称为宝盖草的稻槎菜。本品种不可食用。

57

红紫色的花朵从叶腋处长出

成熟的黑色果实

叶子顶端的藤蔓可以攀附其他植物

窄叶野豌豆

Vicia sativa subsp. *nigra*　豆科

紫色

生长地　草原、田边、道旁
高　度　20~90 厘米（藤蔓长度）
花　期　3~6 月

春
季
植
物

＊小巢菜

从叶子基部长出的花茎尖上会绽放 3~7 朵白花。英果上有茸毛，内含 1 粒种子。

成熟后的果实像乌鸦一样黑

　　一年生或二年生藤本植物。羽状复叶，由 16~18 片小叶组成，顶端分为 3 枝，卷须伸展。这些卷须是由小叶变化而成的。叶子基部有一个深裂托叶。黑紫色的斑纹处能分泌花蜜，被称为花外蜜腺，蚂蚁常爱舔食。

 根中的菌根菌可以捕捉空气中的氮素进行固氮，然后作为肥料使用。

比窄叶野豌豆的花要小

叶轴的顶端卷曲

叶色比窄叶野豌豆要鲜亮

四籽野豌豆

Vicia tetrasperma 豆科

紫色

生长地	草原、道旁
高　度	30~60 厘米（藤蔓长度）
花　期	4~5 月

样子介于窄叶野豌豆和小巢菜之间

　　一年生或二年生藤本植物。叶子是由 8~12 片无柄小叶组成的羽状复叶，叶轴的顶端伸长形成卷须。花为浅蓝紫色，从叶子的基部伸出的长花茎顶端开出 1~3 朵小花。茎、叶子上的茸毛和花朵的数量都少于相似的小巢菜（P58），花色为更深的浅紫色，小叶稀疏。

果实为椭圆形，长 10~15 毫米，没有茸毛，内有 4 粒种子。

 形态介于小巢菜和窄叶野豌豆之间。

有很多雄蕊和雌蕊

可爱的花朵，象征着春季的色彩

深裂叶，叶缘锯齿不整齐

毛茛

Ranunculus japonicus 毛茛科

生长地	田埂、日照充足的草原
高　度	30~120 厘米
花　期	3~6 月

草原上绽放的黄色小花，散发着耀眼的光芒

有毒植物，为多年生草本植物。别名为金凤花，此别名有时仅限于指重瓣品种。茎中空，密生白色茸毛。基生叶有长柄，叶子有 3~5 片，深裂，手掌大小。花瓣为黄色，在花基部内侧有小鳞片状的蜜腺。花瓣之所以有光泽，是因为在表层下有一个充满淀粉的细胞层，可以反射阳光。

看起来像刺的果实中只有 1 粒种子。
果实聚集在一起呈球形。

 基生叶像马蹄一样，因而日语中称其为马足。

像是黄色颗粒聚集的头状花序

柔软的叶子

叶子偏白，所以一看就能区别

鼠曲草

Pseudognaphalium affine　菊科

黄色

生长地	田边、道旁
高　度	15~40 厘米
花　期	3~6 月

相似植物

＊秋鼠曲草

这是一种稀有植物，濒临灭绝。
生长在干旱的草原上，看起来像
鼠曲草，不过茎高达 80 厘米，
顶部分枝，主要特征为线形叶，
抱茎。

仿佛上面覆盖着白色的天鹅绒，身姿柔软

在道旁或田边经常见到的一年生或二年生草本植物。冬季呈莲座状，披针形叶，叶子顶端为圆形，叶子两侧和茎都被白色茸毛覆盖。头状花序的中心为两性花，周围是雌花。花朵凋谢后，种子会长出长长的冠毛，随风飘散。嫩叶和茎可以食用，是日本春季七草之一，又名拟鼠麹草。

经常被用来制作艾糕，也叫田艾。

春季植物

61

花为白色的 5 瓣花

贴着地面生长，抗踩踏　　成熟的果实，可以看到里面的种子

漆姑草

Sagina japonica　　石竹科

白色

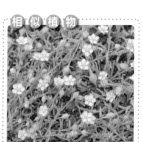

相似植物

＊根叶漆姑草

生长在海岸上，与漆姑草相似，但株型比漆姑草大。果实为红棕色，无突起。

生长地	庭院、道旁
高　度	2~20 厘米
花　期	3~7 月

让放大镜带你来到一个有趣而可爱的世界

在庭院或路边经常能看到的一年生或二年生小草。整株颜色从浅绿色到深绿色都有。叶子像针一样细，长 5~20 毫米。直径约为 4 毫米的小花绽放在茎顶部的叶腋处。种子为深棕色，用放大镜观察时可看到表面有突起。经常生长在狭窄的细缝中，很难拔掉。

　叶子的形状像鸟爪。

令人怜爱的春型花

叶子呈羽状深裂

图为春型的花。春型开花时的植株比秋型矮

大丁草

Leibnitzia anandria 菊科

白色

生长地	丘陵、草地、林边
高　度	春型高约 12 厘米、秋型高 15~35 厘米
花　期	3~6 月、9~11 月

秋型的闭锁花和茸毛。植株比春型的
高得多。

  秋型的花茎像一根长矛。

春型和秋型的模样不同

　　大丁草是一种多年生草本植物，有春季开花的春型和秋季开花的秋型。春型高 10 厘米，头状花序直径约为 1.5 厘米，花瓣为白色，内侧带有紫色，又被称为村崎蒲公英。有外花瓣的舌状花是雌花，中心部分是管状的两性花。秋型高 15~35 厘米，叶子比春型的大，自花授粉结籽。

春季植物

红褐色的腺体十分显眼

伤口会分泌出乳液状的汁液

上部的叶子轮生

钩腺大戟

Euphorbia sieboldiana　大戟科

 褐色

生长地	丘陵、山地
高　度	约 30 厘米
花　期	3~7 月

相　似　植　物

＊大戟

叶子细长且边缘呈锯齿状，杯状花序中的腺体顶端圆润。

有新月形腺体的花序生长在长茎上

　　常见于丘陵或山区的多年生草本植物。虽然有毒，但地下茎是一味中药，常被用作利尿剂。然而，虽说可以入药，但随便放入口中是很危险的。杯状花序小且呈红褐色，腺体为新月形，腺体尖端是尖的。茎直立，茎的下部叶子互生，上部叶子轮生。叶子细长或呈椭圆形，顶端较宽，叶缘光滑。

 日语名为夏灯台，意思是夏季开花的大戟，但实际上在春季开花。

花序横向展开

叶子顶端骤尖，呈船形

非常柔软，不过抗踩踏

早熟禾

Poa annua　禾本科

绿色

生长地	住宅附近、田边、道旁
高　度	10~30 厘米
花　期	3~11 月

平滑且没有突起

小穗

大多数最上方
的叶子比较短

有 1~2 根带花序的茎秆

一种可以生长在平地上任何地方的不起眼的植物

　　一种分布在世界各地的一年生或二年生草本植物。全株柔软且直立，有稀疏簇生的花序。小花十分朴素，绿色中带着白纹或紫纹。该品种属于早熟禾属（*Poa*），尽管这一属的植物非常相似且难以区分，但早熟禾比其他品种矮且花序形状特别。

春
季
植
物

小穗的形状像麻雀才能穿的和服。

雄蕊一般有 2~5 枚

茎为紫红色

种子上有小突起

繁缕

Stellaria media 石竹科

白色

生长地　山野、田边、道旁
高　度　10~20 厘米
花　期　3~9 月

相似植物

＊鸡肠繁缕

株型比繁缕要大，茎为绿色。雄
蕊有 5~10 枚，花药为褐色。与
繁缕一样是日本春季七草之一。

繁缕属的代表性植物，也是最常见的

　　原产于欧亚地区的归化植物，二年生草本植物。据说
是明治时代后期引入日本的。花朵看起来像有 10 片花瓣，
但如果仔细观察，会发现其实只有 5 片花瓣，只是在基部
分成了两半。茎的一侧有一列列茸毛，可以将植物上的水
滴带到根部。繁缕是日本春季七草之一，在日本诗歌中常
常提到它。

名字有繁茂的意思。

无瓣繁缕

Stellaria pallida　石竹科

 绿色

生长地	空地、田埂、田边、道旁
高　度	10~20 厘米
花　期	3~5 月

没有花瓣的不同寻常的繁缕

　　在城市的路边，甚至阳台上的花盆都能发现它的踪影，并且以惊人的速度蔓延，基本取代了繁缕。无瓣繁缕原产于欧洲，是一种归化植物，其特征是没有花瓣，在花萼的基部有红棕色的斑点，种子为浅褐色（繁缕为褐色）。

 1978 年在日本千叶县船桥市首次被采集。

牛繁缕（鹅肠菜）

Stellaria aquatica　石竹科

 白色

生长地	田边、道旁
高　度	20~50 厘米
花　期	4~10 月

名字与繁缕相似，却比繁缕大

　　二年生草本植物，极少情况下会有多年生的。牛繁缕与繁缕非常相似，但是最大的区别是雌蕊的顶端一分为五（繁缕雌蕊的顶端一分为三）。此外，牛繁缕的叶子呈细长的三角形，顶端是尖的，花期比繁缕晚 1 个月。

春季植物

 叶子表面有褶皱，见多了就很容易将其与繁缕等区分开。

花瓣有 5 片，白色

果实像草莓一样，是红色聚合果

春季的白色花朵美丽夺目

蓬蘽

Rubus hirsutus　蔷薇科

白色

春季植物

生长地	草地、灌木丛、林边
高　度	30~50 厘米
花　期	3~4 月

白色的大花，外观十分像月季

　　蓬蘽是一种冬季落叶的落叶小灌木，在明亮的灌木丛旁或林边经常能看到。枝条上密布着短短的柔毛。茎基部有 5 片小叶，花枝上有 3 或 5 片小叶。同样，叶子两面都有柔毛。花朝上绽放，有很多雌蕊和雌蕊。成熟的果实吃起来很甜，当然味道不如草莓。

相似植物

＊蓬蘽（原变种）

虽然花瓣数量各不相同，不过开重瓣花的比较罕见。

会随着森林采伐不断扩散，当周围的植被开始生长并形成阴影时，蓬蘽就会消失。

花朵白天开花，夜晚闭合

聚合果没有味道

在花期开一片黄色的花，看起来像在地面上铺了地毯

皱果蛇莓
Potentilla hebiichigo 蔷薇科

生长地　草原、公园、道旁
高　度　5~10 厘米
花　期　4~6 月

名字的意思是蛇吃的草莓，其实蛇是不会吃的

生长在草原上的多年生藤蔓植物，就像在地面上爬行一样生长并扩散。黄绿色的叶子互生，有 3 片小叶。与叶子相对的位置上会抽出花茎，并开出 1 朵黄色的花。聚合果，与草莓形状相同，每粒都是红色的果实，但没有光泽。在稍暗的地方，生长着类似的蛇莓，但要比皱果蛇莓大一圈。

相 似 植 物

＊蛇莓

生长在森林边缘的阴暗处，叶子大而整体，呈深绿色，副萼片明显。果粒为深红色，有光泽且光滑。

春季植物

即使切下长有果实的植株，也几乎不会枯萎，这是因为果实的水分会转移。

生长在有些潮湿的田间或河川斜坡上

黄色的花朵像蛇莓的花

叶子形状和小叶数量是重点观察对象

蛇含委陵菜

Potentilla anemonifolia 蔷薇科

 黄色

生长地	田埂、田边
高　度	20~50 厘米
花　期	4~6 月

相似植物

* 朝天委陵菜

在平地上生长的一年生或二年生草本植物，是原产于欧洲的归化植物，花与蛇含委陵菜非常相似。羽状复叶。

又名五叶蛇莓，但果实并不是红色的

　　与莓叶委陵菜同属，常生长在田野或田边的多年生草本植物。茎斜生，在地面上匍匐生长。从基部长出的叶子有长叶柄，5 片小叶成掌形，茎上的叶子有短叶柄，由 3 或 5 片小叶组成。5 瓣花，果实不是红色的，而是形成用花萼包裹的小果的聚合体。

长得很像蛇莓，要注意区分。

花瓣分裂，十分漂亮

叶子像老鼠的耳朵

会分泌黏液，碰到会感觉黏黏糊糊的

球序卷耳

Cerastium glomeratum 石竹科

白色

生长地	草地、田边、道旁
高 度	10~60 厘米
花 期	4~5 月

 相似植物

＊簇生泉卷耳

叶子为深绿色，茸毛比球序卷耳少、细长。花柄比萼片长，萼片通常为紫色。

茎顶端绽放的白花挤在一起

原产于欧洲，明治时代末期引入日本。一年生或二年生草本植物，现在已经逐渐取代了本土品种簇生泉卷耳。茎通常是绿色的，茎、叶子、花萼上密布着柔软的茸毛和能够分泌黏液的腺毛。与簇生泉卷耳的区别是，球序卷耳植株下方的花柄比萼片短，萼片为浅绿色，花团簇拥。

叶子像老鼠的耳朵。

花朵直径为 3~4 厘米

花朵星星点点绽放，十分有魅力

叶子深裂

一轮草

Anemone nikoensis 　毛茛科

 白色

生长地	林边、林地
高　度	20~30 厘米
花　期	4~5 月

从背面看一轮草和鹅掌草（二轮草）
的萼片，有些个体呈浅红色。

可爱迷人的花朵向一旁倾斜绽放

　　生长在落叶阔叶林边缘或林地中的多年生草本植物，是春季短生植物。基生叶的叶柄长，叶子深裂。花茎上，有羽状开裂的无柄的 3 片总苞片轮生。花茎顶端只开 1 朵白花。看起来像花瓣的部分，其实是经过变化的花萼，有 5~6 片。

 1 根花茎上只开 1 朵花，这就是一轮草名字的来源。

花朵直径为 1.5~2.5 厘米

叶子表面有浅白色斑点

浓密的叶间盛开着星状花朵

鹅掌草

Anemone flaccida　毛茛科

白色

生长地　林边、林地
高度　10~50 厘米
花期　4~6 月

春季植物

相似植物

＊日本乌头（叶）

鹅掌草可以作为野菜，不过日本乌头却是有毒的。日本乌头的嫩芽与鹅掌草非常像，每年都会发生意外误食中毒事件。

将春季林地变成一片白色世界的春季短生植物

多年生草本植物，地下茎短，横向匍匐生长。随着地下茎增殖，顶端会长出数片基生叶和 1~3 根花茎。长柄基生叶有 3~5 片，深裂，其上还会有浅裂。茎上有 3 片无叶柄的叶子轮生（总苞片）。1 根花茎上有 1~4 朵花，看起来像花瓣的其实是萼片，萼片有 5~7 片。有 10 枚左右的雌蕊，但果实却很少。

 日语名字的意思是二轮草，不过花的数量不止 2 朵。

下唇上有深红色的斑点

叶子背面有茸毛

花期时，在直立的花茎上开满了花

日本活血丹

Glechoma hederacea subsp. *grandis*　唇形科

紫色

生长地	草地、道旁
高　度	5~15 厘米
花　期	4~5 月

春季植物

夏季，藤蔓长达 1 米以上，生长十分茂盛，并从节间生根并繁殖。

在一片绿色中，外形独特的紫色小花十分醒目

多年生草本植物，有开小花的雌株和开大花的两性株，称为雌雄两性异株。茎的横切面为四棱形，圆形叶片的边缘有锯齿，叶子对生。在叶子背面长有一些腺体，可以分泌带味道的物质，揉搓叶子后能闻到这种味道。有 1~3 朵红紫色的唇形花长在叶子基部。夏季花期结束时，能爬满整个篱笆。

 是一种民间草药，可以用于小儿除疳。

外轮花被片上有黄色斑点

叶子很像射干

通常能在村落中看到，一般为人工种植

蝴蝶花

Iris japonica　鸢尾科

白色

生长地	林边、林中
高　度	30~70 厘米
花　期	4~5 月

● 蝴蝶花和猪牙花的斗争

地下茎能够延伸很长，所以经常被用来固土，但繁殖时会抢占本地植物如猪牙花的生存空间。

 在日本，蝴蝶花不结籽。

成片簇生时十分华美，但会抢占其他植物的生存空间

多年生草本植物，有时会在林中大片簇生。叶子排成2排，呈鲜绿色，冬季不会枯萎。花茎的顶端分开，绽放出数朵花。花色一般为近似白色的浅蓝紫色，有6片花被片。雌蕊的顶端分成3部分，看起来像花瓣。

花长约为 1 厘米

通常花朵呈放射线排列，像小小的舞者

心形叶

大苞野芝麻

Lamium purpureum 唇形科

粉色

生长地	田边、道旁
高度	10~25 厘米
花期	4~5 月

 相 似 植 物

＊白花大苞野芝麻

偶尔会出现开白花的品种。

簇生的粉色花朵像一层粉色地毯

原产于欧洲的归化一年生草本植物。粉红色的唇形花密集生长在叶腋处。花的下唇上的红色斑纹是一个标记，告诉昆虫们在哪里可以找到花蜜。此外，还有像花蕾一样闭花授粉的闭锁花。茎直立，叶子对生，叶子上有细褶皱。植株下部的叶子有长柄，不过越往上叶子越小且叶柄越短，叶色也会变为红紫色。

 1893 年被引入日本东京，现在已从关东蔓延到日本各地。

西日本多半是开红紫色花的品种

叶缘呈锯齿状

成片簇生的样子十分漂亮。东日本多半是开白花的品种

野芝麻

Lamium album var. *barbatum*　唇形科

 白色　 紫色

生长地	道旁、林边
高　度	30~50 厘米
花　期	4~6 月

＊咬人荨麻

触碰咬人荨麻茎和叶子上的茸毛会感到疼痛。野芝麻和咬人荨麻的叶子相似，会让动物意识到"吃下去会很痛"，从而保护植株免受动物侵害。

开像戴着戴笠的舞者一般的唇形花

多年生草本植物。生长在林边或道旁的半日荫处，簇生。茎为四棱形且柔软，节上有长毛。叶子为接近三角形的卵形，花长在植株上部的叶腋处，在茎周围轮生绽放。花为唇形花，上唇像斗笠，其内侧有雄蕊，可保护花粉免受雨水侵害；下唇略微突出，并在花冠筒深处藏有大量花蜜。

春季植物

在东日本地区多开白花，在西日本地区多开红紫色花。

花的长距很显眼

羽状细裂叶

花朵像飘浮在空中一般

夏天无

Corydalis decumbens　罂粟科

 紫色

生长地	草原、林边
高　度	约 20 厘米
花　期	4~5 月

相似植物
呈锯齿状
*线裂东北延胡索
此种苞片边缘呈锯齿状，可以以
此进行区分。

成片簇生的纤细花姿，十分柔美

　　小型多年生草本植物，又名伏生紫堇，夏天无是其作为中草药的名称。细长的花茎上长有 2 片带叶柄的叶子，并在顶端开出有长距的花。在红紫色或蓝紫色的花下有卵形的苞片。从地下块茎中长出数根茎和叶子，茎的下部在地面上匍匐一段后直立。羽状复叶，有很细的裂叶。

 在日本伊势地区的方言中，堇菜被称为太郎坊，而夏天无的同属成员（紫堇属）被称为次郎坊。

花的唇盘有 5 片纵褶片

果实中有大量种子

在庭院中经常种植，也有野生品种

白及

Bletilla striata　兰科

紫色

生长地	河岸、堤坝斜坡、草坡
高　度	30~60 厘米
花　期	4~5 月

相似植物

＊白花白及

人工栽培的多是白花品种。有些个体花瓣白中带红。

在春季开满红紫色花的兰科植物

　　易于种植的兰花品种，又名紫兰，在园艺中很受欢迎，多年生草本植物。地下茎是扁球形。这种球茎有黏性，可以当景泰蓝工艺的胶水使用。披针形叶，叶子稍硬且有深褶皱。一般开 3~7 朵红紫色的花，6 片花被片中较低的一片突出。从花被片的基部延伸出的长柄状部分是子房，种子在其中生长并膨大最后成熟。

 球茎就是中药白及，具有止血和消炎的作用。

春季植物

萼片在花期直立

从匍匐茎的节处长出不定根，并可以以此增殖

叶子为卵形，对生

猫眼草

Chrysosplenium grayanum　虎耳草科

黄色

生长地	山区潮湿林中
高度	5~20 厘米
花期	4~5 月

相似植物

* 日本金腰

和猫眼草类似的日本金腰没有匍匐茎，叶子互生，可以通过这一点来区分这两种植物。圆圈内是种子。

簇生的黄色花朵，十分温暖柔美

长在山区潮湿阴凉处的多年生草本植物。没有花瓣，浅黄色的部分是花萼，当花期结束后，花萼逐渐变成绿色。成熟后果实会裂开，内有许多种子。叶子对生，叶缘上有 3~8 对锯齿，顶端向内弯曲。雨滴落在朝上的果实上时，种子会被打散，就可以通过雨水散播。

 裂成两半的果实，看起来像白天时的猫眼睛，因而得名。

小小的 5 瓣花

形状各异的小叶

从柔软的叶间抽出花茎

仙洞草

Chamaele decumbens 伞形科

白色

生长地	林边
高 度	10~30 厘米
花 期	4~5 月

果实为扁平圆柱状，内有 2 个半圆形的果实（由一个子房分裂而成的果实）。

开着纤细小花的纤细植物

　　日本独有的多年生小型草本植物，早春开花。从叶间抽出花茎，在顶端分成 3~4 个分枝，每个分枝顶端都开有 5~10 朵小白花。所有的叶子都是从根部长出的，叶柄长且带着紫色。羽状复叶，小叶形状各异，有卵形也有三角形的，并且外观像胡萝卜叶一样，边缘呈粗糙的锯齿状。

 仙洞草的叶子与黄连的很像。

花为黄色，呈管状，顶端分开

地下茎膨大成球状

因为没有叶绿素，所以全株为褐色

小列当

Orobanche minor 列当科

生长地	草地
高度	15~40 厘米
花期	4~5 月

相似植物

＊列当

寄生在蒿类植物根部的一年生草本植物。常见于海岸或河岸砂地上。列当灭绝风险在不断增大。

看起来像一根细小的棕色木桩从草地中冒出来

原产于欧洲和北非的归化一年生草本植物，在世界各地都有，传入日本后迅速传播，是一种能摄取豆科植物养分的寄生植物。寄生在白车轴草上植株会变小，而寄生在红车轴草上的植株会变大。在极少数情况下，也会寄生于除豆科植物以外的其他植物。于 1937 年在日本千叶县津田沼（习志野市）的草地上被首次发现并公布。

 和列当相似，茎纤细，所以叫小列当。

花朵稀疏

叶子又薄又柔软，两面被毛

花柄抽出，顶端的小花柄上绽放着几朵小花

香根芹

Osmorhiza aristata var. *aristata* 伞形科

白色

生长地	林边
高　度	40~60 厘米
花　期	4~5 月

果实细长，下部像尾巴一样尖，果棱上排列着向上的刺。

在春季的林边经常能发现的植物

多年生草本植物。叶子像胡萝卜叶子一样。叶子有长柄，细裂，叶缘呈锯齿状。花序分枝，顶端有 5~10 朵白花。果实细长，长 8~20 毫米，侧面有刺毛。顶端粗大，末梢有钩状的刺，果实成熟后能挂在衣服或动物身上，从而被带到很远的地方。

相似的有小窃衣（P151），也有刺毛，可如爪子般附着在衣服上。

风中摇曳着的纤细雄蕊

叶子从基部成簇长出

叶缘有白色的长毛

地杨梅

Luzula capitata 灯芯草科

生长地	草地、草坪
高　度	10~20 厘米
花　期	4~5 月

其特征是圆圆的花序，像麻雀用的羽枪

　　在草地或草坪上经常出现的多年生草本植物。小花聚集在花柄顶端盛开（为头状花序），其形状很像日本古代大名用的羽枪，小巧可爱，在日语里意为麻雀才能用的小羽枪。雌蕊早于雄蕊成熟，是雌蕊先熟花，这是为了避免自花授粉的一种机制。种子有大个白色种阜，可以通过蚂蚁传播。

地杨梅的果实。种子有大个白色种阜，是蚂蚁的最爱，通过被蚂蚁搬运来传播。

 别名为雀稗，但雀稗也指另外一种植物（P267）。

花萼和花瓣都是浅紫色的

叶子像萝卜的叶子

在铁道边或堤坝旁群生

诸葛菜

Orychophragmus violaceus 十字花科

紫色

生长地	道旁、林边
高 度	20~50 厘米
花 期	4~5 月

幼苗的叶子像萝卜，可以食用。在中国古代，军队驻地常有种植诸葛菜，以充军粮。

在城市中成片生长，让春季的城市变成一片紫色的海洋

原产于中国的一年生草本植物。据记载，在江户时代就已经开始在日本进行人工种植，但是在昭和初期才成为归化植物。有 4 片紫色的花瓣，十字花形，如果仔细观察能看到细花纹。雄蕊的花药和雌蕊都是黄色的，与花瓣的颜色形成鲜明对比。果实长约 10 厘米，横截面为四方形。菜子花、二月兰、紫金菜都是这种植物的别称。

 传说诸葛亮种过这种快速生长的植物，因而得名。

85

花上有红褐色的斑纹

花茎长 10 厘米左右，直立

花朵开过之后的叶子

匍茎通泉草

Mazus miquelii 通泉草科

紫色

生长地	草地、田埂
高 度	10~15 厘米
花 期	4~5 月

在田埂等潮湿的地方成片生长

偏爱潮湿且阳光充足地方的多年生草本植物。通过叶间抽出的匍匐茎增殖。花朵外观像飞翔的白鹭，这种植物还可以像苔藓一样贴在地面上生长。基生叶呈卵形，有叶柄，边缘呈现不规则的锯齿状。匍匐茎上的叶子是圆形的，很小，没有叶柄。花为红紫色，中心鼓起的部分为黄色。

花的下唇弯曲，呈倒卵圆形。有长短不一的 4 枚雌蕊和 1 枚雌蕊。雌蕊的顶端像 2 片贝壳一样分开，触摸时闭合，被称为柱头运动。

 开红紫色花的品种被称为紫色匍茎通泉草，开白花的品种被称为匍茎通泉草。

花朵平展绽放

叶子表面有褶皱

从远处一眼就能看到的粉色花朵，十分醒目

樱草

Primula sieboldii 报春花科

粉色

短花柱型
雌蕊短，花药
在花朵入口处
雄蕊
雌蕊

长花柱型
雄蕊
雌蕊

雌蕊长，花药在花朵深处

有两种类型的花，一种是雌蕊比雄蕊
长的长花柱型，另一种是雌蕊比雄蕊
短的短花柱型。两种类型的花相互传
粉，不然无法结籽。

生长地	潮湿山地、田野
高　度	15~40 厘米
花　期	4~5 月

粉得像樱花一样的花朵。成片簇生让人感受到春季的气息

生长在潮湿田野或山区的多年生草本植物，整个植物长着卷曲的白色长毛。在春季，花茎伸长，并在其顶端长出7~20朵粉红色花朵。花的基部是一个细圆筒，顶端分裂成5瓣，在其上又分裂出2个浅裂瓣。卵形叶，有长叶柄。最近，在日本出现了雄蕊长度和雌蕊长度相同的品种（等花柱），并且可以自花授粉，并且这个品种的数量正在不断增加。

没有作为授粉媒介的大黄蜂，就不会结籽。

佛焰苞为褐色偏紫

叶子有 11~15 片小叶

线形的花序附属器十分显眼

天南星

Arisaema thunbergii subsp. *urashima*　天南星科

紫色

生长地	丘陵、林边、林中
高　度	40~50 厘米
花　期	4~5 月

春
季
植
物

有 1 片大叶子和佛焰苞，姿态独特

植株很少结果，果实成熟后为红色。

　　雌雄异株的多年生草本植物。幼时只开雄花，当地下球茎膨大后，就会开出雌花。而且，如果土地肥沃，营养丰富，植株就会变成雌株；如果土地贫乏，植株就会变成雄株。从根部长出 1 片具长柄的叶子。与细齿南星（P101）相似，包裹在佛焰苞中的花朵有腐烂的臭味，这种气味诱使昆虫来传粉。

 花轴像一根细绳，就像是浦岛太郎的钓鱼线一样。

可以看到白色的副花冠

叶子上有茸毛

基生叶很多，茎上的叶子稀疏

山琉璃草

Nihon japonicum 紫草科

蓝色

生长地　沼泽、潮湿的山坡
高　度　7~20 厘米
花　期　4~5 月

相似植物

＊梓木草

高 15~25 厘米，生长在林边或草地上。整株都有粗糙的毛，花为蓝色，分裂成 5 瓣。花色看起来像萤火虫的光。

在山中漫步时偶遇的像星星一样的浅蓝色花朵

　　日本的特有品种，多年生草本植物，生长在潮湿的地区。花在刚开时是粉红色的，但之后变成浅蓝紫色。小小的白色副花冠让花朵看起来更加惹人怜爱。花开之后，就会结出朝下生长的果实。基生叶像莲座一样散开，而长在茎上的叶子越往顶部越小。茎上有很多白毛。

 湛蓝色的花朵在山中绽放，呈琉璃色，因而得名山琉璃草。

5 瓣花

深裂叶

植株径直生长，上部会分枝

石龙芮

Ranunculus sceleratus　毛茛科

黄色

生长地	湿地、田埂
高度	30~80 厘米
花期	4~5 月

相 似 植 物

＊猫爪草

有光泽的黄色花瓣像石龙芮，但植株很矮。日语名为蛤蟆伞，意为像伞一样的花朵，同时又生长在蛤蟆喜欢居住的潮湿地方。

过去在田埂上经常能看到，不过现在很难看到了

生长在田埂上或沟渠边缘的大型二年生草本植物。全株为鲜绿色，茎粗且中空。叶子裂成3~5片。花朵直径约为1厘米，花瓣为有光泽的亮黄色。聚合果膨大成椭圆形。过去在田埂上经常能看到，一咬是辣的，所以得名水辣辣菜，会因为生长过于茂盛而让水稻枯萎，故又叫鬼见愁。

 全株有毒，触碰叶片或茎汁会引发皮疹，误食会引发肠胃炎。

唇形花，上唇小而下唇大

叶子上有柔毛

总体偏白，给人整洁而谦逊的印象

紫背金盘

Ajuga nipponensis 唇形科

紫色

生长地	林边
高 度	10~25 厘米
花 期	4~5 月

花朵绽放的样子像身穿十二单的日本女官

　　生长在干燥的丘陵地区森林边缘的多年生草本植物。花朵重叠，外观就像日本平安时代身穿十二单的女官。大量浅紫色、白色花朵环绕着 5~10 节茎而生。有数根茎，成束生长。植株上有许多卷曲的长白毛，让植株看起来为偏白的绿色。叶子是匙形的，叶缘是稀疏的锯齿形。

 在日本俳句中，常用来咏春。

春
季
植
物

花为筒形，白色

外观可爱，常被当作观赏植物

卵形叶，背面偏白

萎蕤

Polygonatum odoratum var. *pluriflorum*
天门冬科

 白色

生长地	林边、林中
高 度	约60厘米
花 期	4~5月

白色的筒形花，外观奇特

　　常见于山野处的多年生草本植物，每年都会在地下茎的顶端竖起1根茎。从茎正中到顶部有棱，横切面呈角状，这是区别于镰叶黄精（P93）的特征。叶子为鲜绿色，背面偏白，基本没有叶柄。从茎的叶腋处长出1~2朵筒形白花，花朵向下垂。如果有2~6朵花，就是镰叶黄精。

在叶腋处结出1~3个直径约为1厘米的暗绿色果实。种子呈卵形。

 地下茎像山萆薢（P211），吃起来甘甜。

白色花朵挤在一起

叶子细长

茎弯曲成弓形，在叶腋处开花

镰叶黄精

Polygonatum falcatum 天门冬科

白色

生长地	林中
高　度	30~80 厘米
花　期	5~6 月

果实为暗绿色，从叶腋处垂下。

晚春在林中悄然绽放的花朵

　　生长在山区或丘陵地带森林中的多年生草本植物。根茎呈串珠状，直径为 5~15 毫米，干燥后被称为黄精，是滋补品。茎弯曲成弓形，没有棱，横切面为圆形。花从短花序中垂下来，有 2~6 朵。花被为筒状，花的基部略微膨胀并呈绿色，这也与姜莲有所不同。

春季植物

 花朵下垂的样子，像田间防鸟时用的哨子。

93

花冠裂片之间有小副片

一片绿色中镶嵌着星星一般的花朵

花蕾像毛笔一样

笔龙胆

Gentiana zollingeri　龙胆科

蓝色

生长地	草地、林边、林地
高　度	3~10 厘米
花　期	4~5 月

相似植物

＊丛生龙胆

与笔龙胆十分相似，但丛生龙胆有基生叶，这就是区分笔龙胆的关键。

晴朗的天气，在春季草地或林边绽放着龙胆花

二年生草本植物。少数花朵密生在茎顶端，花冠为蓝紫色，顶端裂成 5 瓣，裂片间有副片。叶子厚，对生。茎的下部没有基生叶。花朵在阳光下绽放，在晚上和雨天闭合。果实成熟后裂开，里面有一些小种子。种子会顺着雨水流出，随雨传播。

花茎顶端膨大的花蕾像毛笔的笔头。

花朵直径为 8~13 毫米

叶子呈羽状深裂

长茎伸展，有许多分枝

黄鹌菜

Youngia japonica 菊科

黄色

生长地	道旁、林边
高　度	20~80 厘米
花　期	4~6（10）月

相似植物

＊稻槎菜

在田间生长的二年生草本植物，高约 10 厘米。日本春季七草之一。所有的头状花序都由舌状花组成。

不论在哪里都能生长，非常可爱的黄色小花

常见于道旁或林边的多年生草本植物。整个植株都被柔毛，大部分叶子都长在基部，呈莲座状。有许多黄色的头状花序，果实有白色的冠毛，可以随风飘散。黄鹌菜有蓝叶和红叶两个品种，两者的区别是，即使过了冬季，蓝叶品种的莲座状叶子还是绿色的，而红叶品种的叶子已经变成红色了。

与稻槎菜相似，但株型更大。

花朵顶端是特别浓郁的紫色

紫色的花和深裂叶是识别它的关键

幼株，茎伸长

刻叶紫堇

Corydalis incisa 罂粟科

 紫色

生长地	**林边**
高 度	**20~50 厘米**
花 期	**4~6 月**

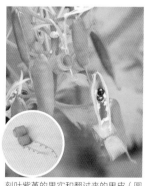

刻叶紫堇的果实和翻过来的果皮（圆圈内显示）。触摸时，裂开的果皮会翻过来，种子就会飞出去。

外观可爱的紫色毒草，有损伤后会散发臭味

常见于林边或树荫下，是一种柔软的、无毛的二年生草本植物。茎是五棱形的，水分十足，深裂复叶。花有4片花瓣，上侧花瓣最大，后面的距凸出。距中有蜜腺，当昆虫在花瓣上寻找花蜜时，就能给雄蕊和雌蕊授粉。果实长约2厘米，成熟后也为绿色，种子上有种翅，是蚁布植物。

 日语里将刻叶紫堇称为紫华发，因为它的花穗像一种金属装饰物——华发。

花穗上有白毛，呈圆锥状

线形叶，长 20~50 厘米

在日照充足的草地或河滩上簇生

大白茅

Imperata cylindrica var. *koenigii*　禾本科

（白色）

生长地	草地、道旁
高　度	30~80 厘米
花　期	4~6 月

满是白色茸毛的花穗。可以通过风来传播种子，让种子飞到很远的地方去。

地下茎和茸毛以旺盛的生命力和繁殖力扩张

　　多年生草本植物，茎秆直立，线形叶。大约在春季结束时，茎秆长出 10~20 厘米长、像动物尾巴一样的穗状花序。嫩花序有甜味，所以孩子们习惯将其当作零食。地下茎是一种中草药（白茅根）。除通过风传播种子外，还能通过地下茎，在地下茎节间发芽增殖。

 旧时也被称为茅花，在日本的《万叶集》中就有提及。

花朵不完全张开

叶子 5~8 片，互生

果实内有粉状的种子

金兰

Cephalanthera falcata　兰科

黄色

生长地	林中
高　度	30~70 厘米
花　期	4~6 月

菌根扩张　枹栎和金兰不直接相连

金兰通过与枹栎共生的菌丝，从栎树吸收光合作用产物，形成三者共生的关系。

春季在林中直立绽放的颜色艳丽的兰花

　　生长在明亮林中的多年生草本植物。在栖息地金兰可以茂盛生长，如果阳光不能照射到地面，金兰就会消失。开多朵亮黄色的花，下面的大花瓣（唇瓣）带有红褐色的条纹，基部有筒状距。仅在天气晴朗时开花，在多云时闭合。叶子为鲜绿色，呈披针形。通过一种被称为兰科菌根真菌的菌类生长，这是兰科植物的特征。

金兰是濒临灭绝的植物。

花朵不完全张开

长椭圆形叶

和金兰在同一时期开花

银兰

Cephalanthera erecta 兰科

白色

生长地	林中
高度	10~30 厘米
花期	4~6 月

相似植物

＊长苞银兰（长苞头蕊兰）

长苞银兰植株高 30~50 厘米，比银兰高，其长长的叶子能延伸到花穗上方。

小而不醒目，能遇到是一件十分令人欣喜的事

像金兰一样，是生长在明亮森林中的多年生草本植物。茎直立，开几朵白花。唇瓣的基部有很短的距。叶子呈细长的椭圆形，顶端尖，基部有 3~6 片叶子抱茎。银兰株型比金兰的小得多，如果不仔细看就会错过。与同属的长苞银兰非常相似，不过可以通过叶子加以区分。

春季植物

金兰的花朵为黄色，所以被称为金兰；银兰的花朵为白色，所以叫银兰。

花朝下绽放

开花时间只有 5 天

第一年的叶子像牙签一样

猪牙花

Erythronium japonicum　百合科

 紫色

生长地	林中
高 度	30~60 厘米
花 期	4~6 月

 春季植物

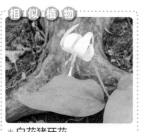

相似植物

＊白花猪牙花

出现的可能性很小。白花品种的
叶子颜色较浅，表面没有斑纹。
另外，日本海一侧的许多紫花品
种也没有斑纹。

簇生的样子仿若飞舞的蝴蝶

生长在山区的多年生草本植物。这是一种 1 年中 10
个月都在地下准备开花，只有春季的 2 个月在地上生活的
短生植物。叶子为长椭圆形，许多个体的叶子表面有紫色
的云状斑纹。花为红紫色，内侧基部附近有蜜腺，有紫黑
色的 W 形斑纹。从种子发芽到开花平均需要 8 年时间。

 猪牙花的日语名字几经变化。

佛焰苞的颜色多种多样，从绿色到深紫色都有

小叶像鸟爪一样展开

在日本关东地区，佛焰苞和叶子同时展开

细齿南星

Arisaema serratum　天南星科

紫色

生长地	林边、林中
高度	约 120 厘米
花期	4~6 月

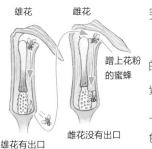

雄花　　雌花

蹭上花粉的蜜蜂

雄花有出口

雌花没有出口

进入雄花的蜜蜂可以蹭上花粉然后出去，但是进入雌花的蜜蜂，在将花粉蹭在雌蕊上后无法出去，最后死在花里。

突兀直立的佛焰苞令人不快

　　常生长在林边或林中的多年生草本植物。有许多相似的品种，很难区分。假茎（叶片像轴一样聚集的部分）呈紫红色，比叶柄长。有 2 片叶子（少数个体只有 1 片），上面有 7~17 片呈鸟爪形展开的小叶。佛焰苞的颜色从绿色至深紫色都有。细齿南星为雌雄异株，并能根据营养状况改变雌雄状态。在秋季结出红色的果实。

 假茎上的斑纹像蝮蛇，在日本关东地区经常能看到。

有 20~24 朵舌状花

花序大，像蒲公英的花

种子上有冠毛

剪刀股

Ixeris japonica　菊科

（黄色）

生长地	田埂、道旁
高度	15~20 厘米
花期	4~6 月

（相似植物）

*圆叶苦荬菜

在道旁或田地周围都能见到的多年生草本植物，也叫小剪刀股。

在休耕地上成片生长，仿若黄色的地毯

在田埂和道旁经常出现的多年生草本植物。茎细而分枝，在地面匍匐，使叶子和花茎纵向生长。叶子为细长的铲形叶，通常有缺口，花茎通常分枝，顶端有 1~5 个亮黄色的头状花序。舌状花的花瓣（花冠）顶端呈现 5 个齿状的缺口，是由 5 片花瓣组合而成。这是蒲公英家族的一个特征。

匍匐在地上生长，铺满整个地面。

4片花瓣，呈十字形

叶子呈羽状深裂

花朵和萝卜花一样

日本野生萝卜

Raphanus sativus var. *hortensis* f. *raphanistroides*

十字花科

粉色

生长地	海边砂地
高 度	30~60 厘米
花 期	4~6 月

日本野生萝卜的果皮呈海绵状，十分轻，果皮裂开后脱落。圆圈内是成熟的果实，一般通过海水传播种子。

春季在海边群生，粉红色的花朵淹没海岸线，十分美丽

　　一年生草本植物，生长在海岸的砂地上。根为圆柱状，稍粗，叶子像萝卜一样，为羽状深裂。花为浅粉色。果实呈串珠状，内含 2~5 粒种子。据说世界上最长的萝卜品种守口大根萝卜（原产于日本大阪府守口市），根的直径约为 2.5 厘米，但其长度却长达 1.7 米，就是由日本野生萝卜培育而成的。

春季植物

 除了根部不膨大之外，和栽培用的萝卜品种基本无异，也有人认为它是栽培品种野生化的产物。

花序柔软

拔掉茎秆的叶鞘可以作为草笛

叶子的基部有薄膜

看麦娘

Alopecurus aequalis var. *amurensis*　禾本科

绿色

生长地	田埂、田边
高　度	20~40 厘米
花　期	4~6 月

相似植物

＊日本看麦娘

花序为浅黄绿色，比看麦娘略粗，花药为浅黄色，芒比较长。看麦娘的花序为绿色，干燥后花药为橙黄色。

在田埂上经常能看到，格外精美

　　一年生或二年生草本植物。叶子为粉绿色，花序为圆柱形。该品种有两种类型：在湿地生长的水田型和在干燥地区生长的旱田型。水田型的种子很大，可以自花授粉；而旱田型的种子小，异花授粉。因为田地被耕种，环境变化剧烈，这种多样化其实是一种生存策略。

　细花穗开起来像枪，日语名字的意思是麻雀使用的小枪。

花为红紫色的蝶形花

复叶，小叶为圆形

可以覆盖耕作前的田地

紫云英

Astragalus sinicus　豆科

紫色

生长地	原来的水田、田埂、田边
高度	10~30 厘米
花期	4~6 月

果实为船形，成熟后变黑。顶端像喙一样尖。

童年很熟悉的植物

　　二年生草本植物，通常秋季发芽，春季开花。原产于中国，后来作为绿肥（将已生长的植物填入土壤中用作肥料）引入日本各地。紫云英的叶子是复叶，具有9~11片小叶，小叶的茎与中轴（小叶位于叶中央的部分）之间有节，因此很容易分离。

 尽管现在紫云英已经不怎么用作绿肥，但因可以生产优质蜂蜜，所以仍然受欢迎。

春季植物

白色十字花

深绿色叶子，叶柄短

有着与形象不符的旺盛繁殖力

豆瓣菜

Nasturtium officinale 十字花科

 白色

生长地	水中、水边
高 度	20~50 厘米
花 期	4~6 月

烤牛排时不可或缺的调味料

原产于欧亚地区的多年生草本植物，又名西洋菜。在沼泽或水中群生。羽状复叶，有 3~9 片卵形小叶。最初是栽培品种，现在在日本已经野生化。辛辣的嫩茎和嫩叶可以用来调味。由于豆瓣菜的繁殖力强大，可能会排挤本地稀有物种，为了保护生态系统，日本环境省将其列入了破坏环境的外来物种名单。

在水边群生，看上去像一层垫子，叶大，白花同时绽放的画面十分美丽。

 据说豆瓣菜和其种植方法是由日本新宿御苑的园长福羽逸人从法国引入的。

花朵直立绽放

叶子摸起来像天鹅绒

茎和叶子上密生短茸毛

小叶韩信草

Scutellaria indica var. *parvifolia* 唇形科

紫色

生长地	林边、石阶
高度	10~20厘米
花期	4~6月

到了结果期花萼闭合，形成折扇状的果实。干燥后种子会弹出。

包裹在短茸毛里，像天鹅绒一般

生长在海岸附近山区或山路旁的多年生草本植物。除了茎顶端外，其余部分都在地面上匍匐生长。花为蓝紫色、粉红色或紫色，在茎的一侧绽放。花朵直径为1.5~2厘米，唇形花，下侧花瓣上有紫色斑纹。类似品种有韩信草，植株高20~40厘米，叶子大，叶缘锯齿的数量大约是小叶韩信草的3倍。

叶子小、花朵绽放的样子像浪花。

花为粉色，朝上绽放

花朵直立，有许多分枝

初春的基生叶

泥胡菜

Hemisteptia lyrata 菊科

 粉色

生长地	田埂、田边、道旁
高　度	60~80 厘米
花　期	4~6 月

像蓟，却无刺

　　从亚洲大陆传来的史前归化植物，是一种在日常生活中常见的二年生草本植物。茎有许多分枝，在顶端有头状花序，总苞片外层的背面有突起。茎下部的叶子为长椭圆形，羽状深裂，背面的茸毛如同蜘蛛毛（纵横交错重叠、细而长），茸毛洁白柔软，没有刺。在冬季，基生叶平展。

果实上有冠毛，可以随风飘散。

 酷似蓟，但仔细看和蓟还是有区别的。

花瓣上有浅红色的脉络

叶子从根部抽出

花朵楚楚可爱，繁殖力强，在农田中是十分难以清除的植物

假韭

Nothoscordum gracile 石蒜科

白色

生长地	田边、道旁
高 度	30~50 厘米
花 期	4~6 月

相似植物

＊韭菜

自古就种植的多年生草本植物。秋季会开出许多白色的小花。在日本，从本州到九州均有分布。

和韭菜相似，不过比韭菜早 2 个月开花

原产于北美洲的多年生草本植物，明治时代传入日本。看起来像韭菜，但闻起来却不像。叶片扁平，呈线形且柔软，在 40~60 厘米长的花茎顶端簇生着 8~20 朵白花，花直径约为 1.5 厘米。除了种子繁殖外，还可以通过直径约为 1 厘米的鳞茎繁殖。在鳞茎周围会出现许多小鳞茎，可大量繁殖。

作为观赏植物引入日本，现在已经渐渐野生化。

常见于草丛和草地

花被片的基部为黄色

果实为球形，褐色

庭菖蒲

Sisyrinchium rosulatum　鸢尾科

白色　紫色

相·似·植·物

＊小花庭菖蒲

原产于北美洲的归化植物。比庭菖蒲的株型大，但花很小，花色为浅蓝色，大小不一的花被片交替生长。

生长地　草地、草坪、道旁
高　度　约 15 厘米
花　期　4~6 月

像星星一样引人注意的庭院小花

　　原产于北美洲的归化植物，在明治时代中期作为观赏植物引入日本。一年生或短寿命的二年生草本植物。叶子平展、呈线形，抱茎。花的颜色多种多样，如洋红色、浅紫色或白色。有 6 个花被片，都带有紫色纹路，基部为黄色。花朵只开 1 天，不过会不断有新的花朵绽放。果实为圆形，里面有许多种子。

叶子和同科的金钱蒲很像，因在庭院生长因而得名庭菖蒲。

外侧花瓣大

叶子与胡萝卜的相似

叶缘和茎上有毛

峨参

Anthriscus sylvestris subsp. *sylvestris*　伞形科

白色

生长地	林边、林道旁、山地林中
高　度	140~180 厘米
花　期	4~6 月

果实顶端细长且尖，没有毛且光滑，成熟后变黑。

早春时节绽放出宛如装饰物一般的花团

　　多年生草本植物。茎直立、分枝，上面有小白花。叶子为羽状复叶，小叶又再次分裂。花序散开，像装饰用的花边。花序外周花朵的特征是，2 枚外侧的花瓣比其他的大。在日本，同属的其他品种都是外来品种。据说根部浸水后晒干，磨成粉后可以食用。

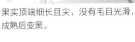 又名萝卜七、土田七，可入药。

外形小巧但充满活力

看起来像花瓣的其实是萼片

叶子稀少

瓜子金

Polygala japonica　远志科

紫色

生长地	干燥的草地
高度	10~30 厘米
花期	4~7 月

在明媚草原上生长的极具个性的花朵

　　生长在阳光充足且干燥的地方的常绿草本植物。卵形叶，即使在冬季也不会掉落。花的形状非常有趣。花瓣偏紫色，有 3 瓣，下侧龙骨瓣裂开，形成像船一样的外形。花外侧的大花瓣状部分是萼片，最初是紫色，在花期结束后变成绿色，而且会变大。瓜子金由蚂蚁传播种子。

果实像扇子一样扁平，里面有 2 粒种子。

 和豆科的日本胡枝子相似，不过日本胡枝子和瓜子金分属不同科属。

花朵直径为 1~1.5 厘米

果实外侧顶端弯曲

黄色有光泽的 5 瓣花

钩柱毛茛

Ranunculus silerifolius var. *glaber* 毛茛科

生长地	草地、田埂
高 度	20~70 厘米
花 期	4~7 月

（相）（似）（植）（物）

* 禺毛茛

和钩柱毛茛相似，不过茎上的叶子多毛，果实顶端基本不会弯曲。

果实像金平糖一样，十分有趣

　　常在潮湿、阳光充足的草地和水边出现的多年生草本植物。茎上基本无毛，但有些个体有稀疏的毛。基部的叶子有长柄和 3 片小叶。花的中央聚集了许多雌蕊，雄蕊环绕在其周围。叶子的形状看起来像牡丹的叶子，但较小。这是一种有毒的植物。

法语名意为青蛙，指其生长在青蛙生活的地方。

总苞片为暗红褐色

匍匐茎的分枝呈直线蔓延生长

叶子呈线形，互生

细叶鼠曲草

Gnaphalium japonicum 菊科

生长地	草坪、草原
高 度	5~20 厘米
花 期	4~7 月

长约 1 毫米的果实有冠毛，可以随风飞得很远。

和鼠曲草一样，是人们非常熟悉的植物

通常在草地、草坪上常见的多年生草本植物。它通过地面或地下延伸的短小分枝增殖。基部的叶子形成莲座状，一直会存活到花期。叶子表面略带灰绿色，叶子的背面和茎上生长着密密的白色茸毛。一些小花生长在茎的顶端。在花的基部，有像细叶一样的苞片，形成钟形。

 和鼠曲草（P61）相似。

里白合冠鼠曲草

Gamochaeta coarctata 菊科

 黄色

生长地	空地、草坪、道旁
高 度	20~70 厘米
花 期	4~8 月

叶子背面有茸毛，密生且呈白色

一年生或二年生草本植物。在地面扩展的基生叶很明显，叶子表面有光泽、呈深绿色，背面（圆圈内）是白色的。花序长得很高，在叶子的基部有许多花。头状花序幼苗时偏红紫色，开花时为黄绿色，花谢后为褐色。

 原产于南美洲的归化植物，在日本全国各地均有分布。

匙叶合冠鼠曲草

Gamochaeta pensylvanica 菊科

 黄色

生长地	空地、道旁
高 度	15~40 厘米
花 期	4~6 月

灰扑扑的草

原产于北美大陆的一种归化植物，二年生草本植物。在日本，从本州到冲绳的道旁都有生长。整株表面被薄薄的白色茸毛覆盖，手感柔软，匙形叶的边缘呈波浪状。花期是4~6月，不过如果生长在温暖地区，也能在秋季开花。

 世界各地广泛分布的植物，在大正时代引入日本。

也有全年都在绽放花朵的个体

叶子抱茎而生

全株给人柔和的感觉

苦苣菜

Sonchus oleraceus 菊科

 黄色

生长地	田边、道旁
高 度	50~100 厘米
花 期	4~7 月

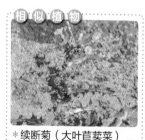

相 似 植 物

续断菊（大叶苣荬菜）

原产于欧洲的二年生草本植物。叶子光滑且呈现深绿色。叶缘的顶端有刺，碰到会扎手。叶子抱茎，基部分裂，顶端为圆形。

几乎在世界任何地方都能看到的品种

被认为是原产于欧洲的植物，但也有说是古时从中国传到日本的。在路边或荒地常见的二年生草本植物，茎粗而空心。叶子基部深裂成两部分，细长且呈三角形，顶端尖。叶缘有刺，但不伤手。有许多黄色的头状花序，在春季开花。

 和芥菜（P27）也很相似。

舌状花呈线形

秋季的基生叶

花蕾下垂或倾斜是其特征之一

春飞蓬

Erigeron philadelphicus 菊科

白色

生长地	空地、田边、道旁
高 度	30~80 厘米
花 期	4~8 月

下垂的浅红色花蕾

　　原产于北美洲的归化植物，多年生草本植物，但也有一年生或二年生的。基生叶在冬季的严寒中仍能存活，且在开花前一直不枯死。舌状花为白色或粉红色，可通过自花授粉结籽。花朵凋谢后，花萼发育成冠毛，种子可以通过风传播。此外，也可以从根部发芽增殖。

春飞蓬的茎是空心的，这也是其与一年蓬的区别（P193）。叶子基部抱茎，可以加固植物。

 大正时代作为观赏植物而引入日本，后来野生化。第二次世界大战后，爆发性蔓延到日本各地。

春季植物

雌花为赤红色

大多数为一根茎直立，上面有许多小花

叶子偏红、茎伸长前的植株

酸模

Rumex acetosa 蓼科

生长地	田野、河岸的堤坝
高　度	30~100 厘米
花　期	4~7 月

堤坝上的春色

　　常见的多年生草本植物。在河岸的堤坝上群生，十分醒目。雌雄异株，花朵为浅绿色，在雌花中红色的柱头很明显。叶片为长椭圆形，基部为箭形，幼时偏红色，后变为深绿色。果实被包裹在扇形的花萼中。幼芽可以食用，但是大量食用会导致中毒，引发腹泻或呕吐等症状。

雄株的花序比雌株的花序大，花序直径宽，黄色花药下垂。风媒花，当风吹过时，花药会摇动并飞出花粉。

 因为茎和叶子含有草酸，尝起来很酸，因而得名。

雌花为深橙色

叶子基部两侧像耳朵一样张开

花序为圆锥状，稀疏

小酸模

Rumex acetosella subsp. *pyrenaicus* 蓼科

红色 绿色

生长地	荒地、道旁
高 度	20~50 厘米
花 期	5~7 月

成片群生，像是进入了水彩画的世界

　　原产于欧洲，明治时代初期引入日本的多年生草本植物。雌雄异株，除了种子外，地下茎也可以增殖。因此，同性植株总是聚集在一起生长。另外，小酸模比酸模的株型小。没有花瓣，有 6 片看起来像花瓣的萼片。其特征是叶基为戟形。果实像荞麦果实一样为三角形。

雄花为浅绿色或橙红色。

 和酸模一样，茎和叶子都含有草酸，有酸味。

119

看起来像极小的芥菜

十字花科特有的 4 瓣花

叶子基部抱茎

葶菜

Rorippa indica 十字花科

黄色

生长地	田边、道旁
高 度	10~60 厘米
花 期	4~9 月

像黄色的荠菜，在道旁静静绽放

在潮湿地方随处可见的二年生草本植物。茎分枝，卵形叶或椭圆形叶。遭遇严寒的个体会变成紫色。茎上部的叶子呈耳形，基部较小，抱茎。果实约长 2 厘米，成熟后会裂开，种子掉在地上。葶菜不可食用且无用，但幼株有辛辣味。

相似植物

＊沼生葶菜

在水田或道旁生长，花期为 4~7 月。羽状裂叶，果实长 3~7 毫米，比葶菜的果实短小。

日语名为犬芥子，表示它和芥菜相比没什么用处。

花柄顶端有 1~3 朵花

叶子的背面有毛

花朵形状像乌帽子

光叶百脉根

Lotus corniculatus subsp. *japonicus*　豆科

黄色

生长地　海岸、草原、道旁
高　度　10~40 厘米
花　期　4~10 月

覆盖海岸和草原的黄色花朵

幼果。果实为圆柱线状的荚果，成熟后裂成两半。

多年生小型草本植物。茎在地面上匍匐并向上倾斜生长。复叶，由 5 片小叶组成，但是下面的 1 对小叶很小，看起来像托叶（也有说法就是托叶）。开豆科植物特有的蝶形花，花色为明亮的黄色。下花瓣为船形，因此被称为船形花瓣或龙骨瓣。花瓣顶端像泵管一样尖，从上方一推，花粉就会散出。

 以前在日本京都大佛像前有很多。

头状花序，呈球形

茎在地面匍匐，向四方蔓延

叶子表面有 V 形斑纹

头花蓼

Persicaria capitata 蓼科

 粉色

生长地	石墙、道旁
高　度	15~30 厘米
花　期	4~12 月

基本全年中都有花在开

　　原产于喜马拉雅山到东南亚北部山区山脚下的多年生草本植物。明治时代作为观赏植物引入日本，并逐渐野生化，在路边或石墙周围都能看到。茎在地面匍匐生长，长成直径约为 1 米的大型植物。花朵开始绽放时为粉红色，之后渐渐变白。在晚春和秋季，花朵盛开成一片，到了仲夏就少了许多。

相 似 植 物

＊火炭母

茎分枝并生长，叶为椭圆形。花为白色，一年四季都会盛开，但是开花高峰期是从夏季到深秋。成熟的果实是肉质的，黑色果实有些透明。

秋季的红叶非常美丽，表面暗紫色的斑纹十分醒目。

花瓣有 5 片，细长

在叶腋处长出珠芽

叶子为明亮的绿色，开许多黄色的小花

珠芽景天

Sedum bulbiferum 景天科

黄色

生长地	田边、道旁
高 度	20~60 厘米
花 期	5~6 月

相似植物

＊松叶景天

原产于墨西哥的归化植物。叶子为圆筒状，3~5 片叶子轮生，4~5 月在茎的顶端会开出 20~40 朵小花。

姿态柔软，和黄色的花朵十分相合

生长在道旁或田边的多年生草本植物。多肉植物，叶中富含水分。在地面上匍匐生长，茎尖直立或略微倾斜。叶子呈匙形，用放大镜观察其边缘时，能看到透明的细胞凸出，边缘粗糙。叶腋处有小珠芽，掉到地上就能发芽。雄蕊多但没有花粉，通常不结籽。

学名是形容词，意思为有珠芽的意思。

非常显眼的黄色花朵

剑形叶上没有锯齿

在水边群生。可以由地下茎或种子繁殖

黄菖蒲

Iris pseudacorus 鸢尾科

黄色

生长地	水边
高度	60~100 厘米
花期	5~6 月

春季植物

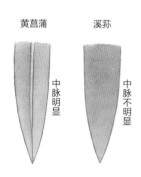

黄菖蒲 中脉明显

溪荪 中脉不明显

与溪荪同属，叶子不同为区分它们的重点。玉蝉花或黄菖蒲的中脉明显，溪荪和燕子花则看不到中脉。

水边绽放的黄色花朵非常醒目

原产于西亚和欧洲的多年生草本植物。据说在 1897 年左右作为观赏植物引入日本，如今已经野生化，在日本各地的水边都能看到。花为亮黄色，3 片向外垂的大椭圆形片被称为外花被片，基部有棕色条纹。3 片直立的小片被称为内花被片。线形叶，长 60~100 厘米，略显勾状弯曲。

对日本本土品种的影响比较大，是日本《外来生物法》中指定需要注意的外来物种。

仔细观察能发现花朵复杂而美丽

沿着叶脉有白色斑纹

在潮湿的地方群生

虎耳草

Saxifraga stolonifera 虎耳草科

白色

生长地	潮湿的岩石上或地上
高度	20~50 厘米
花期	5~6 月

一般叶子背面为深红色，也有个体是绿色的。叶子表面很漂亮，有白色斑纹，但有些个体没有斑纹。

许多白色的小花群生，十分美丽

常绿多年生草本植物，基部呈莲座形，叶子有长柄，为椭圆形，两面都有许多茸毛。丝状的匍匐茎匍匐在地面上，顶端会长出新植株。有 5 片花瓣，上部有 3 片小的花瓣，花瓣上有深红色的斑纹，而下面的 2 片花瓣又长又大，没有斑纹。据说虎耳草对中耳炎、感冒和肿胀有一定的药效。叶子可以做成天妇罗食用。

叶子的白斑让表面看起来像被雪覆盖。

125

悄悄生长的小花

随着生长，会攀附于其他植物

叶子轮生，果实为圆形

拉拉藤

Galium spurium var. *echinospermon* 茜草科

真正的
叶子

托叶

在轮生叶中，只有2片是真正的叶子，其余都是由托叶变化而成的。花序是从真叶的基部（叶腋处）生出，以此可以区分真叶和托叶。

生长地	荒地、住宅附近、灌木丛
高 度	60~90 厘米
花 期	5~6 月

茎周围有许多叶子

通常在住宅附近出现的一年生或二年生的草本植物。茎有四棱，棱上的刺状毛向下生长，并能攀附在其他植物上。干燥后的根变成红紫色，可作为染料使用。花序从叶腋处生出。将花从茎上折下后，可以像徽章一样固定在衣服上，是很受孩子们喜欢的游戏。

不论在什么环境下，都能旺盛生长的草本植物。

花序外侧的花大

叶子有柔软的锯齿

春季到初夏开花的大型植物

日本独活

Heracleum sphondylium var. *nipponicum*

伞形科

白色

生长地	日照充足的林道、林边
高度	70~100 厘米
花期	5~6 月

相似植物

＊高大独活

比日本独活的株型大，群生。花期为 6~8 月。密生短茸毛，日本北方地区生长的个体茸毛更多。

晴朗的天空下一片日本独活，十分壮观

生长在山野或田野上的二年生草本植物，有个别是多年生草本植物。茎空心且粗，通常有稀疏的茸毛。叶子很大，由 3~5 片小叶组成，每片小叶都是深裂叶，边缘有粗锯齿。伞形花序的直径超过 20 厘米。花序中心的花小、形状整齐，而外侧的花大、形状不规则。

叶子像野菜中的食用土当归，不过比食用土当归的花要大。

白色的花上有紫色的斑纹

茎顶端有 1 个花序　　黑褐色的圆形物是珠芽

薤白

Allium macrostemon　石蒜科

白色

生长地	草原、道旁
高　度	40~60 厘米
花　期	5~6 月

是常见的可食用野菜，叶和鳞茎都可食用

闻起来像韭菜，地下有白色的鳞茎。常在道旁出现的多年生草本植物。叶子长 20~30 厘米，线形簇生。白色花略带紫红色。奇怪的是，不是种子，而是许多花基部的珠芽落下后会生根发芽。也有一些还在花序上就发芽了。

将鳞茎洗净，就可以蘸味噌吃，十分美味。可以作为下酒菜。

 日语名字的意思是野生的葱或韭菜。

有 4 片花瓣

叶子的两面都有茸毛

花蕾向下，开花时直立

长荚罂粟

Papaver dubium 罂粟科

橙色

生长地	空地、道旁
高 度	10~60 厘米
花 期	5~7 月

 春季植物

这里有缝隙

果实长约 2 厘米，细长，成熟后上面的圆盘就会出现缝隙，种子就会滚出来。

急速扩张的归化植物，在都市和住宅区附近都能看到

　　原产于地中海沿岸的一年生草本植物。有 4 片朱红色的花瓣和许多雄蕊。只有 1 枚雌蕊，没有花柱，柱头为圆盘状，呈放射状延伸。这是罂粟科植物的雌蕊的特征。有 2 片萼片，一开花就脱落。羽状叶。尽管是罂粟科植物，但它不含可用作麻醉成分的物质。

 1961 年出现在日本，最近其数量开始激增。

一个花穗上有 9~15 朵小花

花轴有些弯曲

沿着道旁常能看到一片片群生

多花黑麦草

Lolium multiflorum 禾本科

绿色

生长地	草原、道旁
高　度	40~70 厘米
花　期	5~7 月

相 似 植 物

＊黑麦草
原产于欧洲的多年生草本植物。作为牧草引入日本，现在已经野生化。与多花黑麦草不同，外稃的顶端没有芒。

常见的群生的禾本科植物

　　原产于欧洲中南部、非洲西北部的一年生或二年生草本植物。过去常作为牧草使用，现在已经野生化。花序呈穗状，在花轴的两侧有许多小穗排成两列。其特征是，在外稃（苞片的一种）的顶端有长约 1 厘米的芒。有杂交种，很难区分。常用于人工斜坡的绿化等。

又叫意大利黑麦草，作为牧草种植，为归化植物。

花朵中心为黄色

下部的叶子有叶柄，上部的叶子无柄

在水边群生，开许多小花

沼泽勿忘草

Myosotis scorpioides 紫草科

蓝色

生长地	水边
高度	约50厘米
花期	5~7月

相似植物

* 森林勿忘草

分布在日本本州中部到北海道的山区和林地中。和沼泽勿忘草十分相似，不过茎的上部直立，叶子深裂成5片，叶子上有茸毛。

花朵清爽，仿若梦幻之国的花朵

原产于欧洲的多年生草本植物。勿忘草是该类植物的总称。从春季到夏季，花序在茎的顶端抽出，并开出直径约为8毫米的蓝色花朵。茎的下侧在地面匍匐，顶端分枝并且直立。叶呈长椭圆形，叶缘无锯齿，稍呈波浪状，基部略微抱茎。

观赏植物，不过在日本中部以北地区已经野生化。

常在阳光明媚的地方生长

舌状花，一般有 5~7 片花瓣

基生叶为裂叶

小苦荬

Ixeridium dentatum subsp. *dentatum*　菊科

黄色

生长地	草地、林边
高　度	约 30 厘米
花　期	5~7 月

相 似 植 物

* **花苦菜**（*Ixeridium dentatum* var. *amplifolia*）

生长在低山带到高山带路边的多年生草本植物，和小苦荬一样分布在日本各地。有 10~11 朵舌状花。

小小的黄色花朵在风中摇曳，让人感受到春季的来临

　　常见于山区和丘陵草原上的多年生草本植物。叶子集中在根部，基生叶有叶柄，呈细长的羽毛状；上部的叶子抱茎。茎的顶端有黄色的花朵，即使没有受精也可以结籽。切开茎上的叶子后会有乳液流出，乳液很苦，所以日语里称其为苦菜，意思是它虽然很苦但可以食用。

冲绳料理中常见的一种食材，和生长在西日本以西海岸的假还阳参不一样。

4 瓣花

果实细长，扭曲

全株长着白色长毛，十分柔软

白屈菜

Chelidonium majus subsp. *asiaticum*　罂粟科

生长地	荒地、草地
高　度	30~80 厘米
花　期	5~7 月

当茎和叶子受伤时，会流出黄色乳状汁液，所以在日本也被称为草之黄。

切开茎和叶子后会有黄色汁液流出

　　全株长满了白色长毛，看起来呈粉白色。二年生或多年生草本植物，是罂粟家族的成员。茎中空，叶子呈羽状深裂开。开黄花，2 片萼片在开花时会散开。能治愈丹毒（皮肤感染）等。是一种家喻户晓的药草，也被用来治疗牛皮癣。

尾崎红叶（日本小说家）将其作为胃癌的止痛药使用过。

春季植物

133

从侧面看花穗微扁平

群生，叶子细长　　　果实成熟后变为金黄色

大凌风草

Briza maxima　禾本科

绿色

*银鳞茅

小穗约长4毫米，花序小而直立。花柄震动有细小的鸣音，所以在日语里也称其为铃萱。

生长地	荒地、草地、道旁
高度	30~60 厘米
花期	5~7 月

花穗看起来像日本古代的钱币小判

原产于欧洲，于明治时代引入日本，作为观赏植物种植，但现在已经野生化。一年生草本植物，外观柔软纤细。在阳光明媚的路边经常成群生长。花序由几个稀疏的椭圆形小穗组成，小穗长度为 1~2 厘米，有垂下的细柄。小穗最初为黄绿色，但成熟后变为亮黄褐色。

常用作干花。

花朵聚集

常见于潮湿土地

基生叶有叶柄

钝叶酸模

Rumex obtusifolius 蓼科

黄色

生长地　荒地、田边、林边
高　度　50~130 厘米
花　期　5~8 月

相似植物

＊羊蹄（果实）

是日本自古就有的品种，叶子等
不显红色。包裹着果实的内花被
片边缘呈锯齿状，但与圆圈内显
示的钝叶酸模相比，边缘不尖。

和同属植物相似，所以难以区分

原产于欧洲的归化植物，多年生草本植物。于 20 世纪首次在日本北海道发现。叶子长，为偏圆形的椭圆形，主脉偏红色，边缘稍显波浪状。花为偏红色的黄绿色，在茎的叶腋处轮生。果实被包裹在一个大的内花被片中。花被片的边缘呈尖锯齿形。

钝叶酸模又名大羊蹄，羊蹄又名酸模。

5 瓣花

茎在地上匍匐生长，根粗，没有地下茎

果实呈火箭状

酢浆草

Oxalis corniculata　酢浆草科

黄色

生长地	田边、道旁
高　度	3~10 厘米
花　期	5~9 月

相 似 植 物

* 红叶酢浆草

酢浆草的一个品种，叶子为红色。介于红叶和绿叶之间的品种被称为淡红酢浆草。

只在早上开花，到中午就闭合了

　　多年生或一年生草本植物。叶子由 3 片心形小叶组成，当叶子闭合时，看起来像缺了一侧。茎上的叶子中含有草酸，咀嚼时会感觉酸，所以又叫酸三叶。花朵在早上绽放，到下午就会闭合，在下雨天或阴天花朵不绽放。当触摸成熟的果实时，种子就会被弹出。种子有黏性，会粘在鞋子上被带去远方。

 在过去，它的叶子可被用来抛光黄铜，可以摘一片擦硬币试试。

五桠果酢浆草

Oxalis dillenii 酢浆草科

生长地	荒地、道旁
高度	10~30 厘米
花期	4~11 月

地上茎不会在地面匍匐生长，而是直直地向上生长

原产于北美洲的归化植物，多年生草本植物。据说是随第二次世界大战后美军的行李而来的。生长在日本本州、四国和九州地区。和酢浆草相似，但全身有很多软塌的白毛，花柄横向展开，花朝上开。

 在日本京都府精华町发现，近年来开始急速扩张。

直酢浆草

Oxalis stricta 酢浆草科

生长地	山道、林边
高度	10~40 厘米
花期	5~10 月

质地柔软、随风摇摆，喜欢生长在森林等阴暗处

生长在日本北海道和本州的山路和林边的多年生草本植物。与酢浆草相比，株型大，地上茎直立，节上有鳞片叶（像鱼鳞一样的小叶子），根为须根。茎、叶柄、花柄和叶子背面有细丝般的毛。

 比五桠果酢浆草的株型大，在山地中生长。

唇形花冠

卵形叶，基本无毛

花序的萼片为紫色，也有绿色的

细风轮菜

Clinopodium gracile 唇形科

 粉色

生长地	田埂、潮湿的道旁
高 度	10~30 厘米
花 期	5~8 月

开很小的粉红色花朵，一旦发现就很容易找到

多年生草本植物。生长在稍微潮湿的路边，如果不仔细看，可能会因为注意不到而踩到。成片生长，茎在地面上匍匐生长，不过中途会直立起来。开粉红色的花，在萼片的脉上有短毛。卵形叶，有 4~5 对叶脉，比同属的其他品种少。而且，在叶子的背面没有能散发气味的腺体。

相 似 植 物

* 小花风轮菜

花为白色或浅紫色，萼片上有长毛。花期为 8~9 月。与细风轮菜相比，叶子细长，有超过 7 对尖侧脉，叶子背面有腺体。

  又名塔花，外观是一层层的，有三层和四层的。

在茎顶端有 1 个或数个头状花序

茎上的叶子上有尖刺，所以需要注意

在春季田野上十分醒目

蓟

Cirsium japonicum　菊科

紫色

生长地	田野
高　度	50~100 厘米
花　期	5~10 月

春 季 植 物

总苞片紧贴，不翘起。

在春末开花的蓟就是这种

　　在山野中随处可见的日本常见的蓟之一。多年生草本植物，茎粗而直立，有些个体有时会分枝。基生叶羽状深裂，有 2~5 毫米长的刺。基生叶通常在开花时还残留。头状花序长在茎的顶端，朝上开花，紫色或绿色的总苞（花的下部）呈钟形，摸起来很黏，这是本品种的特征。

  蓟的同属植物一般在秋季开花，不过本品种从春季就开始开花。

139

头状花序由舌状花构成

叶子为不规则的羽状浅裂

在田间十分醒目的杂草

欧洲千里光

Senecio vulgaris 菊科

生长地	道旁、田边
高 度	20~40 厘米
花 期	1~12 月

在田边密集生长

　　明治时代初期传入日本的一年生草本植物。茎柔软、直立，有稀疏的叶子。叶子也很柔软，为宽线形，不规则浅裂，互生。一年四季都可以看到花，但是从春季到夏季花朵开得更多。头状花序为黄色，外侧的总苞片是黑色短三角形。在原野上生长，冠毛聚集的样子像破布头。

冠毛为白色，细长，很容易脱落。

 其近亲日本羽叶菊原产于日本山林中，6~8 月开黄花。

140

花上有深紫色的脉络

植株基部有小鳞茎，可以增殖

除了寒冬时节，一年都可以看到花

红花酢浆草

Oxalis debilis subsp. *corymbosa*　　酢浆草科

（粉色）

生长地	庭院、田边、道旁
高　度	15~30 厘米
花　期	2~11 月

夏季植物

*关节酢浆草

原产于南美洲。花的中心为深红色，花药为黄色。有 3 片小叶，凹窝中有褐色小斑点。地下有大块茎，并形成可以用来增殖的小块茎（圆圈内）。

颜色很漂亮，但是一种有害杂草

　　原产于南美洲的多年生草本植物。在江户时代作为观赏植物引入日本，现在已经野生化。从地下鳞茎长出来带有长柄的叶子。叶子比正常的酢浆草大，并有 3 片心形小叶。花茎伸长，顶端有粉色花朵。雄蕊的花药为白色，无花粉，不结籽。因此不能通过种子繁殖，但可以通过鳞茎增殖。

含有草酸，和酢浆草（P136）一样，可以用来抛光 10 日元的硬币。

开许多黄色的花朵

常见于河边的草地上

叶子细长，边缘呈锯齿状

草木犀

Melilotus officinalis subsp. *suaveolens*　豆科

黄色

生长地	荒地、海边草地、河岸
高　度	20~200 厘米
花　期	4~7 月

相似植物

＊白花草木犀

原产于西亚和中亚的一种归化植物，在江户时代传入日本。与草木犀相似，但花朵略小且呈白色。

宛若黄色的蝴蝶群舞

　　原产于欧亚地区的一年生或二年生的归化植物。茎直立且分枝，叶子是由 3 片小叶组成的复叶。开豆科特有的蝶形花，开花一结束，花序就伸展出来。果实近球形，里面有 1~2 粒种子。与日本胡枝子相似，在日本东京品川附近发现，所以其日语名为品川萩。同样是归化品种的白花草木犀正在全日本蔓延。

 在日本，该名称首次出现在 1874 年出版的《草木图说补编》中。

花朵不起眼

圆形叶，边缘呈锯齿状

沿着地面匍匐蔓延

天胡荽

Hydrocotyle sibthorpioides 五加科

生长地	庭院、道旁
高 度	约 2 厘米
花 期	4~9 月

相似植物

* 长梗天胡荽

茎匍匐生长，叶子浅裂。花序的柄比叶子长。

紧贴在地面上生长，看起来像是荒野的地毯

生长在偏远地区或住宅花园中的多年生草本植物，随处可见。茎分枝并在地面上蔓延。叶子直径为 1~1.5 厘米，圆形叶，两面无毛，边缘浅裂，基部为心形，裂口的两端略钝，表面光滑。花序比叶子短，在叶腋处有 1 个花序，花序顶端有 18 朵很小的花。花瓣有 5 片，在花的基部有一个大子房。

夏季植物

传闻叶子的汁液可以用来止血。

有丝状的白色雌蕊

密集的白花生长在花轴上

能看到纵向的叶脉

车前

Plantago asiatica 车前科

 白色

生长地	荒地、道旁
高　度	10~20 厘米
花　期	4~9 月

夏季植物

果实为椭圆形，成熟后上半部分脱落，里面的 4~6 粒种子掉出。

生长在路边或操场上，即使遭踩踏也能顽强生长

　　喜欢生长在阳光充足地方的多年生草本植物。椭圆形叶、略薄，不能轻易撕裂。根系向各个方向扩散，可以承受横向的外部压力，因此可以抵抗践踏。风媒花，通过风传粉。种皮吸收水分后会变黏，能粘到鞋子或车轮上，又被称为车前草。

 车前的花轴结实，可以用来玩拉梗游戏，梗先断的人输。

144

雄蕊随风摇曳，散布花粉

披针形叶，有 3~5 条叶脉

比车前株型大，没有车前耐踩踏

长叶车前

Plantago lanceolata 车前科

 白色

生长地	荒地、草原、道旁
高　度	10~60 厘米
花　期	4~8 月

*北美车前

原产于北美洲的归化植物。花不开放，以闭花授粉为主。

叶子细长，有点像刮刀，摇曳不定

　　原产于欧洲的归化植物，多年生草本植物，据说是在江户时代末期引入日本的。一般叶子细长，从基部抽出。由于花很小，建议用放大镜观察。花冠随风摇曳，下侧呈管状，顶端分成 4 个部分。从花序底部开始开花，首先长出白色的雌蕊，然后长出带有黄色花药的雄蕊。

夏季植物

原产于欧洲，但现在在俄罗斯东部和北美洲均有分布。

145

花的下唇有黄色和红褐色的斑纹

叶子微呈匙形

庭院的小小入侵者

通泉草

Mazus pumilus 通泉草科

紫色

生长地	庭院、道旁
高　度	5~25 厘米
花　期	4~10 月

相·似·植·物

*母草

和通泉草相似，不过属于母草科。
生长于田边或道旁，8~10 月开
出紫色花朵。

酷热夏季里的紫色小花

　　一年生草本植物。与匍茎通泉草（P86）非常相似，
但没有匍匐茎。唇形花，匍茎通泉草花的下唇为紫色，而
通泉草为偏紫的白色，这是区分它们的关键。花朵内侧有
2 枚长雄蕊和 2 枚短雄蕊。雌蕊顶端一分为二，触摸时会
闭合，这被称为柱头运动，其作用是确保授粉。

一年四季叶子常在，果实会裂开。

星形花

叶子的顶端尖

小而不显眼，会不经意间踩到

小茄

Lysimachia japonica　报春花科

生长地	山地、道旁
高　度	7~20 厘米
花　期	5~6 月

果实的外形酷似茄子，所以被称为小茄。成熟后果皮裂开，种子弹出。

小花像黄色的星星一样耀眼

可在任何地方看到，喜欢生长在阴凉或略微潮湿的地方的多年生草本植物。椭圆形的叶子对生，茎上有稀疏的毛。叶腋处有 1 朵黄花。花柄短，小花隐藏在叶子后面。萼片像茄子的萼片那样细长而尖。果实为球形，直径为 4~5 毫米，外形酷似茄子，上面有稀疏的长茸毛。

 有花柄长的品种。

夏季植物

147

一般有 4 片心形花瓣

待到夏季黄昏才绽放的小花

幼果，里面有许多种子

裂叶月见草

Oenothera laciniata　柳叶菜科

生长地	荒地、砂地
高　度	5~50 厘米
花　期	4~11 月

夏
季
植
物

茎在地面匍匐生长，呈莲座状，像垫子一样铺在地面上。

通常在海岸沙滩上成片生长

　　原产于北美洲的一年生草本植物，或是短寿命的多年生草本植物，昭和时代引入日本。叶子有深裂成羽状的，也有完全不开裂的，各种各样。茎在地面上匍匐生长，在叶腋处有浅黄色的花。一般傍晚开花，清晨凋谢，并变成黄红色。可以通过异花授粉或自花授粉结籽。

英文名为 cutleaf evening primrose。

月见草的种类

月见草属原产于美洲大陆，后引入日本，二年生草本植物。花朵在傍晚开放，第二天清晨凋谢并变成红橙色。有 4 片花瓣，看起来像花柄的部分其实是花冠和子房。天蛾可以替它们传粉。

❖ **待宵草**

原产于南美洲的二年生草本植物，在江户时代引入日本。据说是最早引入日本的月见草。长披针形叶，窄长且叶缘为锯齿状。

❖ **月见草**

原产于北美洲，明治时代后半引入日本，并在第二次世界大战后迅速传播。第一年，月见草长出莲座状基生叶。第二年，花茎伸长并开花。长椭圆形叶，叶缘为锯齿状。

❖ **黄花月见草**

原种为原产于北美洲的品种，后在欧洲改良而成的园艺植物。在明治时代引入日本并广泛传播的二年生植物。花会瞬间绽放，绽放最快的只用 30 秒。即使花朵凋谢，也不会变成红色。

❖ **美丽月见草**

原产于北美洲的二年生植物，作为观赏植物引入日本，在第二次世界大战后野生化。花在傍晚绽放，但到了白天也不会凋谢。花谢后，会变成粉红色或深洋红色。

茎斜向上生长，有分枝

花瓣顶端凹进去

叶子表面有茸毛，叶缘为紫色

野老鹳草

Geranium carolinianum 牻牛儿苗科

粉色

生长地	荒地、道旁
高　度	10~40 厘米
花　期	5~7 月

相似植物

＊汉荭鱼腥草（纤细老鹳草）

在北半球生长的汉荭鱼腥草的栽培品种已经野生化。花色是比野老鹳草更鲜艳的粉红色。

初夏能看到的小型牻牛儿苗

原产于北美洲的归化植物，是一年生草本植物。昭和初期引入日本后，以极快的速度扩张。最早出现在京都，如今除了北海道之外到处都有。叶子与中日老鹳草（P257）非常相似，但野老鹳草是掌形叶，几乎裂到基部，每个裂叶还会再分裂。花色从粉红色到白色都有，花朵直径约为 1 厘米，果实为黑色，种子和中日老鹳草一样，能弹得很远。

带有抗马铃薯青枯病的成分，搅碎埋入土壤中可以有效预防青枯病。

花小，绽放后花朵之间没有空隙

有许多果实

比相似的窃衣开花晚 2 个月

小窃衣

Torilis japonica　伞形科

白色

生长地	原野、林边
高　度	30~70 厘米
花　期	5~7 月

相似植物

＊窃衣

比小窃衣早约 2 个月开花。叶子更细，花序上花的数量为 3~6 朵。叶子和果实通常偏浅紫色。

果实可以粘在衣服上

　　常见于荒地或林边的二年生草本植物。叶片较厚，羽状复叶，裂片上还有细小裂纹。枝条顶端开小白花，绽放后花朵之间没有任何空隙。果实直径约为 3 毫米。果实上有许多不规则的硬毛。果实成熟后会变成褐色，经常粘在衣服上。与窃衣非常相似，但其特征是开花结果都比窃衣晚。

夏季植物

生长在灌木丛中，有刺的果实像虱子一样附着在衣服上，又名鹤虱。

芒非常显眼

结果时，芒向外侧大幅弯曲

可以通过垂下来的花穗判断是鹅观草

鹅观草

Elymus tsukushiensis var. *transiens*　禾本科

绿色

生长地	草原、道旁
高　度	50~100 厘米
花　期	5~7 月

小穗

芒

小花

外稃

小穗

花穗弯曲成弓形，小穗排列成两行。

下垂的芒非常引人注目，在道旁旺盛生长

生长在平坦草原、路边的多年生草本植物。穗的上部下垂，像弓一样。小穗为白绿色，有时偏粉绿色或暗紫色。小穗稀疏地排列成两行，在小穗的顶端有长 2~3 厘米的芒。叶子为偏白绿色的线形叶。据说，日本孩子们会用它的穗绑头发。

又名柯孟披碱草。

中央的管状花也是同样明艳的黄色

有 3~5 片深裂的小叶

乍一看像秋英

剑叶金鸡菊

Coreopsis lanceolata　菊科

（黄色）

生长地	道旁
高　度	30~70 厘米
花　期	5~7 月

相 似 植 物

＊两色金鸡菊

作为观赏植物从原产地北美洲引
入日本，现已野生化，一般在空
地生长。别名波斯菊。

其强大的繁殖力极大影响了本地品种的生长

　　原产于北美洲的归化植物，多年生草本植物。在明
治时代作为观赏植物引入日本，现已野生化。基生叶有长
柄，由3或5片小叶组成。茎上的叶子窄，为披针形，对
生。舌状花的花瓣尖端让人联想到鸡冠。花色为颜色鲜艳
的黄色。与黄秋英（P313）相似，但如果仔细观察，花朵
和叶子的形状都有所不同。

夏
季
植
物

2006 年被日本列为特定外来生物，禁止栽培、移植或播种。

外轮花被片的基部样子独特

比玉蝉花和燕子花株型小

果实为长椭圆形，长约 4 厘米

溪荪

Iris sanguinea 鸢尾科

紫色

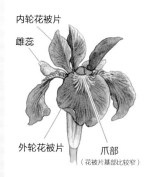

内轮花被片

雌蕊

外轮花被片　　爪部
　　　　　　（花被片基部比较窄）

生长地	花坛、山地草原
高　度	30~60 厘米
花　期	5~7 月

生长在干燥的草原上，十分美丽

生长在山区略干燥的草原上的多年生草本植物，通常种植在庭院或花坛中。叶子长 30~50 厘米，叶子中间的叶脉几乎看不到，这个特征与玉蝉花有显著区别。花茎上有 2~3 朵紫花，外轮花被片为椭圆形，略向下垂，基部的爪部底色为黄色，有紫色的细脉，内轮花被片是直立的。

 外轮花被片基部有网纹。

鸢尾的种类

　　日语里，有"不是菖蒲（溪荪）就是杜若（燕子花）"的说法，因这两种植物过于相似，才有了这样的对比。除了这两种植物外，同属鸢尾科的玉蝉花看起来也与它们很相似，不过外轮花被片的模样和栖息地都有所差异，所以可以很容易地将它们区分开。此外，在端午节用于泡澡的菖蒲汤中的菖蒲，是另一种植物。

❖ 玉蝉花
生长在草原或沼泽中。叶子中间的叶脉突起，花为红紫色，外轮花被片的模样为爪状、黄色。

❖ 山鸢尾
生长在高原或寒冷地区的潮湿草甸上。外轮花被片的模样像溪荪，但内轮花被片明显更小。

❖ 燕子花
植株高 40~70 厘米。蓝紫色花。相比其他同类，生长在更潮湿的地方，叶子很平，没有中间的叶脉。外轮花被片的基部的花纹为白色或浅黄色，爪状。

相 似 植 物

✳ 菖蒲
叶子和玉蝉花相似，但属于菖蒲科。5 月左右，长出黄绿色的圆柱状花穗。据说，在端午节经常被放在屋檐上辟邪，可以用作药浴材料。

有长长的萼管

花朵成簇绽放，引人注目

卵形叶，没有叶柄

高雪轮

Atocion armeria　石竹科

粉色

生长地	荒地、道旁
高　度	20~50 厘米
花　期	5~7 月

掉出的种子会被蚂蚁搬运传播。图为被蚂蚁搬运的种子，从石墙缝隙中发芽生长。种子被搬运到蚁巢后，种翅被吃掉，种子被扔到外面发芽。

又名蝇子草，不过不吃昆虫

原产于欧洲的一年生或二年生植物。植株全体光滑，呈浅绿色，花冠为粉红色，花瓣的顶端被一分为二。茎顶部的节间有一个浅棕色、有黏性的部位，长 5~15 毫米。当昆虫爬过时，它们就会被粘住。它通过这种方式防止昆虫啃食花朵或果实。

 在江户时代，捕蝇草作为观赏植物被引入日本，并逐渐野生化，在荒地等处蔓延。

花形和牵牛花一样

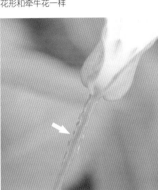
花柄上部有翅

开花多结籽少，通过地下的根茎增殖

打碗花

Calystegia hederacea 旋花科

粉色

＊柔毛打碗花

花直径 5~6 厘米，花柄上没有圆形的翅。叶基呈戟形，叶子细长。也有和打碗花的杂交品种。

生长地	绿化带、原野、田边
高　度	100~200 厘米（藤蔓长度）
花　期	5~8 月

初夏时在田边出现浅粉红色的花朵

多年生藤本植物。三角形叶，基部向两侧突出，呈戟形，前端尖。在叶腋处开花。花柄上部有狭窄的翅，利用这一点可以区别于柔毛打碗花。花冠为粉红色，直径为 3~4 厘米，长在花基部的苞片顶端比柔毛打碗花更尖。花朵在凌晨 5 点左右开花，在下午 2 点左右闭合。以前日本北海道和冲绳没有，但最近也发现了它们的踪影。

夏季植物

可以通过细小的根系增殖，因此很难根除。

花朵凋谢后会下垂

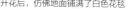

开花后，仿佛地面铺满了白色花毯

有些个体的叶子有斑纹，有些个体没有

白车轴草

Trifolium repens 豆科

 白色

生长地	荒地、草原、道旁
高 度	8~30 厘米
花 期	5~10 月

也被称为三叶草

　　非常受欢迎的归化植物，原产于欧洲的多年生草本植物。茎在地面匍匐，叶子和花序直立向上生长。叶子由 3 片小叶组成，小叶呈椭圆形，顶端稍凹陷。有 30~80 朵偏白色或粉红色的蝶形花簇生。在日语里被称为白诘草，曾用来填充江户时代荷兰国王赠送给德川幕府的玻璃器皿。

四叶的三叶草。四叶草出现原因是在生长初期遭到踩踏或是由于突变造成的。

 有长柄，孩子们经常用它制作花冠和项链。

花序下方有一对叶子

授粉后花也不垂下

植株比白车轴草大一圈，茎直立

红车轴草

Trifolium pratense 豆科

紫色

生长地	荒地、道旁
高 度	30~60 厘米
花 期	5~8 月

相似植物

*白花红车轴草

花朵颜色经常为偏粉的白或纯白色，也被称为雪华车轴草。

又称红三叶，这种红三叶更大些

原产于欧洲、北美洲和西亚的多年生草本植物，后来作为牧草引入日本，目前已成为归化植物广泛传播。茎直立，有棕色软毛。通常有 3 片小叶，许多小叶表面都有浅绿色的 V 形斑纹。有 30~70 朵紫红色的蝶形花簇生成一团。果实为椭圆形，内部有 1 粒种子。

夏季植物

与白车轴草相对，被称为红车轴草。

白色的花瓣有 3 片

绿色的叶子与白花相呼应　　　　　　　　椭圆形叶，没有叶柄

白花紫露草

Tradescantia fluminensis　鸭跖草科

 白色

＊白花紫露草 "Viridis"

原产于南美洲的多年生草本植物，园艺品种的叶子没有斑点。叶子比白花紫露草的叶子大一圈，背面是绿色的，不结籽。

生长地　**林边、林中**
高　度　**10~30 厘米**
花　期　**5~8 月**

不知不觉中，长得像是要淹没林边一般

原产于南美洲的多年生常绿草本植物，是一种园艺品种，后来野生化。具有很强的繁殖力，被日本《外来生物法》指定为需要注意的归化植物。茎在地表匍匐或倾斜向上生长，其根（不定根）从节上伸出并扩散。约 1 厘米长的叶鞘包裹着茎，茎和叶子的背面偏浅紫色。开白色的花，雄蕊上有细毛，黄色的花药也令人印象深刻。

 园艺品种的叶子，和日本博多织锦的花纹十分相似，因而日语里称为野博多唐草。

下部是雌花序，上部是雄花序

叶子分成 3 片小叶

附属器长 6~10 厘米，几乎直立

半夏
Pinellia ternata 　禾本科

绿色

生长地	绿化带、田边
高　度	20~40 厘米
花　期	5~8 月

叶子的基部有珠芽。叶柄中间和小叶
的基部都有珠芽，落在地面上就会
发芽。

植株小，却很顽强

　　在绿化带或田边经常能见到的多年生草本植物，是一种生命力极其顽强的杂草。从地下块茎中抽出 1~2 根叶柄，顶端为由 3 片小叶组成复叶。花茎延伸到叶子上方，有偏绿色或紫色的佛焰苞，雌花和雄花在其中并排。有的苞内呈深紫色。半夏的球茎可入药，用于止咳。

 佛焰苞很小。

花从下方开始绽放

匙形叶的上半部边缘呈锯齿状

茂盛的枝条分叉，铺满了地面

姬岩垂草

Phyla nodiflora var. *minor*　马鞭草科

 粉色

生长地　公园、道旁
高　度　5~15 厘米
花　期　5~9 月

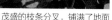 相似植物

*过江藤

生长在阳光明媚的海滩上。夏季，从叶腋处伸出一个长花柄，在顶端有一个圆柱状的穗状花序。

粉色的花朵很可爱，但却威胁着本土物种

原产于南美洲的归化植物，多年生草本植物。在昭和初期引入日本，作为地面覆盖植被，现在已经野生化，并且正在以惊人的速度扩张。绿色的叶子和粉红色的花朵对比很漂亮，但却是一种对生态系统产生不利影响的植物。叶子对生，茎分枝开散，成簇生长。在日本禁止出售姬岩垂草种子，靠匍匐茎增殖。

 与生长在日本沿海的过江藤十分相似。

花朵凋谢后会变成深红色

果实为圆柱形，有 8 条棱

不论在哪里都能见到，叶子边缘呈锯齿状

粉花月见草

Oenothera rosea 柳叶菜科

粉色

生长地	荒地、道旁
高 度	7~65 厘米
花 期	5~9 月

相似植物

＊白花的粉花月见草

十分稀少的白花品种。

本来是一种稀有植物，但扩张势头很强

　　原产于北美洲的多年生草本植物。于明治时代作为园艺植物传入日本。羽状开裂的基生叶一直到花期还残留，叶腋处开花。花为粉红色，中心部分为浅黄色。与长籽柳叶菜（P221）非常相似。但是，与长籽柳叶菜不同的是，粉花月见草的叶子互生，花柱顶端一分为四，种子没有毛。

夏季植物

虽然日语名字的意思是傍晚开花，其实在白天开花。

163

粉色的花十分耀眼

叶子的基部有托叶

花朵簇生绽放

刺蓼

Persicaria senticosa 蓼科

粉色

有想象力的人给它起了一个可怕的日语名字，其实花很可爱

生长地	山野林中、道旁
高 度	约 100 厘米
花 期	5~10 月

  一年生草本植物。茎一边分枝一边生长，攀附在其他植物上。三角形叶，顶端尖，背面的叶脉上有刺。分枝的顶端聚集着小花。如果仔细观察，花朵的底部为白色，顶部为粉红色，不过这是花萼，真正的花没有花瓣。结出球形的黑色果实。

茎和叶柄上有向下生长的尖锐的刺。触碰到会被扎疼，需要小心。

 日语名字的意思是给继子用的厕纸，这个名字由来已久，当时的人们用草叶作为厕纸。

花冠后面有距

叶子像枫叶，呈手掌形裂开

像垫子一样铺开，紧贴地面或石墙

蔓柳穿鱼

Cymbalaria muralis　车前科

紫色

生长地	石墙、道旁
高　度	20~60 厘米
花　期	5~10 月

球形果实，有长柄。植株具有向黑暗处延伸的特性，一般潜入地下结果。

繁殖能力强，到处都能见到

　　原产于欧洲的多年生草本植物，喜欢在石墙空隙中生长。常作为点缀种植在观石园中，现在已经野生化。茎侧向匍匐生长，并随着枝条的生长而扩散。叶缘呈大锯齿状。开浅紫色花，在花的内侧有 2 个黄色斑点。

 大正时代作为观赏植物引入日本，在各地都有种植，并渐渐野生化。

夏季植物

165

花瓣顶端开裂

整个植株都长有坚硬的毛　　　　叶子上有硬毛

日本毛连菜

Picris hieracioides subsp. *japonica*　菊科

黄色

生长地	丘陵、山野道旁
高　度	25~200 厘米
花　期	5~10 月

夏季植物

冠毛张开，像鸟的羽毛一样有分叉。
观察冠毛需要用放大镜。

从春季到秋季，都能开花

　　在丘陵或山脉中经常能见到的二年生草本植物或短寿命的多年生草本植物。整个植株上都有钩形硬毛，顶端一分为二，触碰时会有被拉住的感觉。披针形叶，基生叶在开花时枯萎。在花柄的顶端，长有由 30~34 朵黄色舌状花组成的头状花序。果实为红棕色，呈纺锤形，顶端有冠毛，但很快就脱落了。

 日语名字为剃刀菜，意思是茎上的叶子的硬毛像剃刀一样。

白色花朵约长 8 毫米

椭圆形叶，有肉质感

冬季也不会枯萎，依然长着叶子

牛至叶百合茄

Salpichroa origanifolia　茄科

白色

生长地	荒地、道旁
高　度	约 200 厘米（藤蔓长度）
花　期	5~10 月

花朵像铃兰一样可爱

　　原产于南美洲的多年生草本植物。在明治时代，由日本小石川植物园开始种植，现在已经野生化。茎为藤蔓状，有分枝，盘绕着其他植物生长。茎的横截面为正方形，椭圆形叶，两面均有毛。白色花，管状的顶端分成五瓣，卷曲，向下或向侧面绽放。果实为浆果，呈椭圆形、白色或黄色，但非常罕见。

当花朵凋谢后，可以通过花萼的缝隙看到红色的子房。

生命力很强的植物，一旦扎根就很难根除。

有 50~70 朵舌状花

枝条呈藤蔓状蔓延，花朵绽放

叶子轻薄

夏季植物

加勒比飞蓬

Erigeron karvinskianus 菊科

生长地	石墙缝隙
高　度	20~40 厘米
花　期	5~11 月

有很多白色的头状花序，看起来很漂亮

　　原产于中美洲的多年生草本植物。作为花卉栽培，1949 年日本京都市的采集标本报告中形容其叶子薄、花似锐齿马兰。茎在基部分枝，匙形叶。在枝条顶端有直径约为 2 厘米的花序，周围的舌状花为白色或紫色，中间的管状花为黄色。

开花时是白色，凋谢时是红色。

 最初出现在日本箱根驿站著名的小田原路的石墙中，现在各地河岸的石墙上都能看到。

雄花序挨着雌花序生长

叶子是同属植物中最宽的

在三种香蒲中，是株型最大的

宽叶香蒲

Typha latifolia 香蒲科

褐色

* 长苞香蒲（左）和香蒲（右）

长苞香蒲的雄花序和雌花序之间有空隙，但香蒲的雄花序和雌花序之间没有空隙。这两种植物叶子宽度约为宽叶香蒲的一半。长苞香蒲的株型在同类中最小。

生长地	浅池、河川
高　度	100~200 厘米
花　期	6~8 月

立在水中的姿态十分壮观

在浅池中生长的多年生草本植物。香蒲属的共同特征是略微扭曲的线形叶。花序长在茎顶端，上部有雄花序，下部有雌花序。花粉量大，4 粒为 1 组，一个花穗上大约有 35 万粒花粉。花粉入药，被称为蒲黄，被用作止血剂和利尿剂。将花粉直接涂抹在划伤和轻烧伤的伤口上，能够缓解症状。

夏季植物

 在日本《古事记》中，有一个关于白兔用香蒲的花穗包裹伤口的故事。

花的直径约为 2 厘米

叶子细长、弯曲

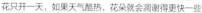
花只开一天，如果天气酷热，花朵就会凋谢得更快一些

紫露草

Tradescantia ohiensis　鸭跖草科

 紫色

夏季植物

相 似 植 物

* **紫竹梅**

原产于墨西哥。有深紫色花朵的园艺植物，英文名字是 purple heart（紫心）。偏爱干燥的地方，十分耐寒，因此即使生长在小巷中也能越冬。

生长地	空地、绿化带、道旁
高度	约 50 厘米
花期	6~7 月

雄蕊花丝上的毛是做细胞试验的材料

原产于北美洲的多年生草本植物。为观赏植物，后来慢慢野生化。多数植株的茎直立，整个植物为紫绿色。披针形叶，细长，中间弯曲，基部呈鞘状。茎的顶端有许多紫色的花朵，有 6 枚雄蕊，花丝上密密麻麻地生长着紫色茸毛。花朵在清晨绽放，到了下午就凋谢了。

 英文名为 spiderwort。茎上的黏液能拉出丝，就像蜘蛛的丝一样。

雄蕊上有毛

叶子两面都有毛

群生，花穗向一侧倾斜

矮桃

Lysimachia clethroides　报春花科

白色

生长地	丘陵草地、林边
高　度	50~100 厘米
花　期	6~7 月

在开花季节，花轴倾斜，但当果实成
熟后，结果轴生长、变直。

生长在明媚草原、丘陵地带或林边

多年生草本植物，地下茎伸长增殖，所以经常看到成
片生长。茎直立，底部为深红色。茎和花轴上有白色短毛
稀疏生长。叶子互生，呈长椭圆形，顶端长而尖，背面有
腺点。花序不是直立生长，而是上部向一侧倾斜，顶端粗
大的花穗直径达 8 毫米，上面聚集着白花。

夏季植物

 在高地上经常能看到这种植物，长花穗的顶端下垂，如狼的尾巴一般，又叫狼尾草。

171

花穗经常被做成干花

植株有半腰高，群生

叶子长 45 厘米左右

野燕麦

Avena fatua　禾本科

生长地	荒地、道旁、田边
高　度	60~100 厘米
花　期	6~7 月

悬挂着小穗的神秘外形非常有艺术感

原产于欧洲和西亚的一年生或二年生草本植物。茎秆稍粗但十分柔软，深绿色。小穗朝下，通常有 3 朵小花及从背面伸出的弯曲的长而硬的芒。又叫老鸦麦，不过在中国和西伯利亚，野燕麦是饥荒期间的紧急食粮。经常用作牧草，被认为是和小麦一起传播过来的。

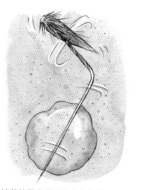

掉落的果实遇到水就会旋转，这样在下雨时就能潜入地下。

 与其相似的燕麦，果实很难掉落，没有芒，也不弯曲。

白色部分是叶子变化而成的苞片

心形叶，顶端尖

在住宅区附近经常群生

蕺菜

Houttuynia cordata　三白草科

白色

生长地　道旁、林边
高　度　20~50 厘米
花　期　6~7 月

夏季植物

相似植物

* **重瓣蕺菜**（*Houttuynia cordata f. plena*）

看起来像白色花瓣的其实是苞片，看起来像重瓣花。

又叫鱼腥草，从气味就可以认出

极具药用价值的多年生草本植物。整个植株气味难闻，但却具有抑制细菌和霉菌生长的功能。长长的白色地下茎不断生长。没有花瓣，只有 1 枚雌蕊和 3 枚雄蕊。白色的苞片可以吸引昆虫。

日本的蕺菜是三倍体，不授粉，只能孤雌生殖。

雌花期的花

直立，逐段开花

圆筒形的果实上有 3 个孔

穿叶异檐花

Triodanis perfoliata 桔梗科

紫色

生长地	荒地、道旁
高　度	15~80 厘米
花　期	6~7 月

夏季植物

雄蕊首先成熟。在照片中，雄蕊快要凋谢了，雌蕊的顶端打开并准备授粉。

细种子从果实的孔中溢出

　　原产于北美洲的归化植物，是一年生草本植物。茎直立，有棱角，茎上有白毛。圆形叶，叶缘呈小锯齿状。另外，许多叶子抱茎，互生。在叶腋处开有 1~2 朵花，茎下方只有闭锁花，然后在其上会出现普通的花。紫色星形花，没有花柄。

 果实上有孔，英文名字是 common venus' looking-glass（维纳斯的镜子）。

花朵的内侧有深色斑点

基生叶像堇菜类植物的叶子

在山坡上经常能见到这种植物

紫斑风铃草

Campanula punctata var. *punctata*　桔梗科

白色　紫色

生长地	丘陵、山野
高　度	15~100 厘米
花　期	6~7 月

相似植物

＊本岛风铃草

在紫斑风铃草的花萼之间，有一个向上弯曲的附片。而本岛风铃草没有，这是区分两者的关键。

雨中开花的姿态优美，经常被用来咏梅雨

多年生草本植物。基生叶为长柄卵形叶，但在开花时会枯萎。叶子是接近三角形的卵形，顶端尖，叶缘呈不规则的锯齿状。花的形状像灯笼。为避免自花授粉，雄蕊和雌蕊的成熟时期不同。在日本，过去人们经常观察花里面的雌蕊，如果雌蕊顶端尖就说成是男孩子，如果雌蕊顶端裂开就是女孩子。

又叫山萤袋、灯笼花，意思是像萤火虫钻入花中，看起来像灯笼。

花色深浅不一

结籽的样子

许多粉红色的花朵呈螺旋状绽放

绶草

Spiranthes sinensis var. *amoena* 兰科

（粉色）

生长地	草地
高 度	10~40 厘米
花 期	6~8 月

相 似 植 物

* 白花绶草

混杂在粉红色花中的罕见白花个体。除花色外，其他特征都和绶草相同。

在草坪上成片开花，十分好看

生长在草坪或草原上的多年生草本植物，叶子从基部生出，每株植物有 2~5 片叶子。花在细长的茎上呈螺旋状绽放，因而得名扭兰。花的旋转方式既有右旋又有左旋。有很多花色。在野外很少能见到它，不过在居住区周围却很容易看到。

又叫盘龙参。

开花后花萼掉落

叶子背面有白色的茸毛密生

生长在阳光明媚的山野或城市荒地上

博落回

Macleaya cordata 罂粟科

白色

生长地	荒地、草地
高 度	100~200 厘米
花 期	6~8 月

成熟的果实，通常里面有 6 粒黑色的种子。

日本的野生植物，但具有异域风情

　　大型多年生草本植物。切开茎和叶子后会有黄色的有毒汁液流出。以前有一种说法，将博落回的汁液涂抹到脚上，跑步速度就会变快，所以人们一般在运动会的前一天使用。叶子背面为白色，好像被白粉覆盖，所以当叶子被风吹得翻过来时非常明显。没有花瓣，有很多雄蕊，黄色的花药十分显眼。据说将博落回与竹子一起煮，能让竹子变软，所以日语里称其为竹煮草，但事实并非如此。

 日语里也称其为占城菊，据说名字源自古代存在于越南中部的一个国家名。

花朵清晨绽放，上午就凋谢了

长得十分茂盛，覆盖着树篱和灌木丛

叶子有 3 片或 5 片小叶，呈鸟爪状

乌蔹莓

Causonis japonica　葡萄科

 黄色

生长地	田边、灌木、林边
高　度	100~300 厘米（藤蔓长度）
花　期	6~8 月

果实变黑成熟后，又苦又不可食用。西日本的二倍体品种经常能结果，而东日本的三倍体品种则大半结不出果。

如果在房屋屋顶上长得过于茂盛，并不是富贵的象征

　　日常生活中可以看到的多年生的藤本植物。叶子互生，在叶子相对的位置有卷须。花萼退化，有绿色的花瓣。开花过后不久，花瓣就随雄蕊脱落，剩下 1 枚雌蕊，黄红色的花盘（花柄顶端的盘形部分）变成粉红色，并分泌出蜜汁。它的日语名字给人的感觉不太吉利，意味着贫穷。

 乌蔹莓长得快、枯萎得也快，因而日本人觉得它不是长久之意，不过乌蔹莓具有很强的繁殖能力。

在叶腋处长 1 朵花

很难结果，十分罕见

藤蔓环绕植物

马兜铃

Aristolochia debilis 马兜铃科

褐色

相似植物

* **大叶马兜铃**

开浅黄色的花，形状像萨克斯管。

生长地	草地
高　度	200~300 厘米（藤蔓长度）
花　期	6~8 月

花朵清晨绽放，气味能吸引苍蝇

　　茎很细的多年生藤本植物。植株整体呈粉白色。卵形叶，基部呈心形，像伸出的耳朵一样。花为浅黄绿色，没有花瓣，像喇叭一样的管状部分是萼筒。花萼顶端和内部都为红棕色，边缘稍微卷曲。关于名字的来历有各种各样的说法，有一种说法是因果实和花朵的形状像马脖子上的铃铛而得名。

 是一种毒草，不过是麝凤蝶的食物。

夏季植物

179

花朵一般微微朝下绽放

花朵在花柄上排成一排，从底部开始依次开花

果实，种子的侧面有翅

圆叶玉簪

Hosta sieboldiana var. *sieboldiana*

 天门冬科

生长地	山坡草地、林边
高　度	50~100 厘米
花　期	6~8 月

圆叶玉簪的花蕾，从上方看像星星。

初夏，浅紫色的花朵在草地或森林边缘绽放

多年生草本植物。叶子大，形状从椭圆形到卵形都有，呈绿色，叶子背面有许多叶脉，触摸后会发现它们凹凸不平。叶子的基部凹陷成心形。漏斗形花，呈白色或浅紫色。花蕾形状像桥栏杆上的凝宝珠（一种日式桥的装饰物，呈洋葱状）。

 幼芽是春季野菜，可以搭配辛辣酱汁和色拉一起食用。

雄蕊和雌蕊都为橙色

幼果，分裂成3部分

从成束叶子中心抽出花茎，上面绽放着许多花

雄黄兰

Crocosmia × *crocosmiiflora*　鸢尾科

 红色

生长地	住宅附近、道旁、灌木丛
高度	50~100 厘米
花期	6~8 月

红色的花朵为夏季的灌木丛增添了一抹色彩

　　原产于南非的杂交品种，是一种多年生园艺植物。具有强大的繁殖能力，野生化后在日本全国蔓延。地下有被纤维覆盖的球茎，通过匍匐茎增殖。叶子形状酷似剑，重叠互生。花为朱红色，直径约为 3 厘米，斜向下绽放。果实为凹凸球形。种子是球形、黑色，有光泽。

雄黄兰的球茎。地下茎向侧面伸展，地下茎顶端的球茎不停增殖。

 明治时代中期作为观赏植物引入日本。

夏季植物

181

花为浅粉色

小叶边缘呈粗锯齿状

茎一般直立生长

乳茸刺

Astilbe microphylla　虎耳草科

粉色

生长地　草原、田埂、林边
高　度　40~80 厘米
花　期　6~8 月

夏
季
植
物

开始着色的乳茸刺果实。秋季成熟后，果壳会破裂，种子会从里面弹出来。

又细又硬的茎可以插蘑菇

　　生长在潮湿林地、山林中潮湿的草原，或是田埂中的多年生草本植物。羽状复叶，小叶呈卵形。圆锥状的花序几乎是直立生长的，密布着粉红色的花朵。花瓣细、呈楔形，比雄蕊长，花丝为粉红色。花的直径约为 4 毫米，当用放大镜观察时，能看到许多雄蕊和纤毛。种加词为 *microphylla*，意思是小花。

 可以用这种草的茎串蘑菇，又叫小叶落新妇。

花朝下绽放

果实成熟后掉落在地面上

生长在没有阳光直射的地方

球果假沙晶兰

Monotropastrum humile 杜鹃花科

白色

生长地　山地林中
高　度　8~20 厘米
花　期　6~8 月

＊水晶兰（果实）

同属杜鹃花科，外形略长，开花季节为秋季。干燥后果实朝上。

在人迹罕至的幽暗深林中，偶然看到的令人惊叹的白色身影

生长在山区的腐殖质土壤上。整个植株为透明的白色，干燥后会变成黑色。仅在茎尖长有 1 朵花。雄蕊为橙色，雌蕊的柱头中央凹陷，周围为蓝色。根像锯屑，和一般的植物不同。由于没有叶绿素，所以不能进行光合作用，该植物是通过共生菌吸收腐殖质中的营养生存的。据说不能通过人工种植。

 日语名字为银龙草，因白色鳞片状的叶子像龙一样而得名。

183

在水边群生

没有花瓣，只有雄蕊和雌蕊

卵形叶，长约 5 厘米

三白草

Saururus chinensis　三白草科

白色

生长地	低地的水边或湿地
高 度	50~100 厘米
花 期	6~8 月

夏季植物

相似植物

*葛枣猕猴桃（木天蓼）

藤本植物。在花期，长有花序的枝条上一部分叶子也是白色的，这是为了吸引昆虫。

叶子变白，可以吸引昆虫

　　有臭味的多年生草本植物。卵形叶，基部的叶子为心形。当花朵盛开时，靠近花序的 2~3 片叶子为白色，十分引人注目。据说是为了吸引传粉的昆虫。花穗上有许多白色偏浅黄色的花朵。花从基部到顶端依次开花，随着花穗不断开花，垂下的穗状花序不断向上生长。

　夏至前后，叶子会变白，因而得名。

花穗长 3~8 厘米

叶柄长 1~3 厘米

原野上深紫色的花朵十分引人注目

山菠菜

Prunella vulgaris subsp. *asiatica*　唇形科

 紫色

生长地	山间草地
高　度	15~40 厘米
花　期	6~8 月

生长在日照充足的山野中

　　生长在山间草地上的多年生草本植物。全株密布细毛。茎为四棱形，棱上有很多毛。叶片略窄，呈卵形，对生，叶缘呈小锯齿状。花柄顶端有许多紫色的花朵。夏季花穗会枯萎变黑，因而又得名夏枯草。花期结束后，通过延伸的匍匐茎发新芽。

枯萎的穗可以入药，被用作利尿剂或治疗各种肿胀。

花穗的外形就像箭袋一样。

夏季植物

与水芹不同，通常株型较大

小花簇生呈球形

地下茎漂浮在水中

毒芹

Cicuta virosa　伞形科

生长地	湿地、沼泽
高　度	90~100 厘米
花　期	6~8 月

夏季植物

相似植物

＊水芹

生长在湿地上的常见多年生草本植物，尽管水芹的花也是簇生，但并没有像毒芹一样呈球形。水芹是一种调味用的蔬菜，嫩茎和叶子常用作香料或调味料。

和乌头和马桑一样，都是致命的毒草

　　生长在湿地上的多年生剧毒草本植物，叶子酷似水芹，羽状复叶，小叶呈披针形。花序顶端有 20 个分枝，长有 10~20 朵小白花，形成伞状，小花有 5 片花瓣。地下茎粗，呈绿色，看起来像竹子。整株都含有一种名为毒芹素的毒素，如果误食会导致死亡，所以一定要当心。特别是，地下茎和根含有的有毒成分较多。

 广泛分布于北半球，在欧洲经常被家畜误食而引起中毒。

管状花冠是萼片的 2 倍长

叶子基部不抱茎

植株高 1~2 米

狭叶马鞭草

Verbena brasiliensis　马鞭草科

紫色

生长地	空地、荒地、道旁
高　度	100~200 厘米
花　期	6~9 月

相似植物

＊柳叶马鞭草

原产于南美洲的多年生草本植物。叶子无柄，抱茎。花筒比狭叶马鞭草长，是花萼的 3 倍以上，看起来很漂亮。

在荒地，随风摇曳的紫色花朵给人留下深刻印象

　　原产于南美洲的一种归化植物，在荒地上生长的多年生草本植物。1957 年在日本北九州市发现，现在在东京圈内也大面积传播。整株上都有刚毛，用手触摸有颗粒感。椭圆形叶，基部为铲形，不抱茎。开浅紫色的花，随着花朵绽放，花穗会变长，看起来有点脏。

夏季植物

　花最初绽放时很美，但做成切花放在花瓶里后，花会陆续掉下来。

有许多雄蕊

在低矮山区的林边，随处可见

基生叶像萝卜的叶子

日本路边青

Geum japonicum 蔷薇科

黄色

生长地　道旁、林边
高　度　30~60 厘米
花　期　6~9 月

幼果。顶端像钩子一样弯曲的种子聚集成球形。这个钩子一样的部位能挂在衣服和动物身上，让种子被带到很远的地方。

叶子酷似萝卜的叶子，花瓣有 5 片

　　生长在日本各地山区的多年生草本植物。茎基本直立，有稀疏的毛。茎上的叶子和基生叶的形状不同。茎上的叶子不是裂叶，基生叶是羽状复叶，很像萝卜的叶子。在茎的顶端，长有 4~8 朵长柄黄花。5 枚椭圆形的花瓣，顶端为圆形，略微凹陷。

基生叶像十字花科萝卜的叶子，因而日语里称其为大根草（大根在日语中指萝卜）。

雄蕊的花药顶端为 T 形

幼株的叶子重叠，非常好区分

花朵在傍晚绽放，气味浓香

日本文殊兰

Crinum asiaticum var. japonicum　石蒜科

 白色

生长地	海岸
高 度	50~80 厘米
花 期	6~9 月

日本文殊兰的果实。随着文殊兰果实
成熟，花柄会倒伏，包裹在厚实的海
绵状种皮内的种子会滚到沙滩上（右
下图）。种子表面为灰白色。

白色花朵沿着海岸绽放，一派南国风情

　　生长在海岸上的大型多年生草本植物，和万年青（天门冬科）很像。叶子呈宽条状，多肉质，有光泽，基部被称为伪茎，叶柄卷在一起。开白花，粗茎顶端有很多花。适合日本文殊兰生长的地区被称为"日本文殊兰分布带"，是暖带沿海植物生长的界线。

🐞 日语别名为浜木棉。

花被片为披针形，呈褐绿色

幼果，果实分裂成 3 部分

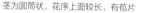

茎为圆筒状，花序上面较长，有苞片

疏花灯芯草

Juncus decipiens　灯芯草科

生长地	湿地
高　度	20~100 厘米
花　期	6~9 月

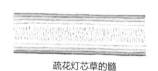

疏花灯芯草的髓

Juncus polyanthemus 的髓

近年来，和疏花灯芯草十分相似的 *Juncus polyanthemus* 正在蔓延。这种植物也叫小米蔺，原产于澳大利亚，是一种归化植物，髓为梯状。而疏花灯芯草的髓十分充实。

生长在水边和湿地，像长串一样的茎成束生长

生长在山区沼泽中的多年生草本植物。茎是制作草席的材料。在古代，疏花灯芯草的髓（茎中的薄壁组织）是制作灯芯的材料。茎细长，花序上有许多小花。茎上没有叶子，茎基部有富有光泽的红棕色的鞘一般的叶子。

 制作日式房间中榻榻米的原材料也是灯芯草的一个品种。

酷似茄子的花

叶子上的刺十分尖锐，不小心碰到会很疼，
所以要注意

花朵簇生十分美丽，完全看不出是杂草

北美刺茄

Solanum carolinense 茄科

白色 紫色

生长地	荒地、道旁
高度	30~70 厘米
花期	6~10 月

果实像黄色的小番茄，但有毒不可
食用。

花朵十分美丽，刺却很尖锐，是田地和牧草地的杂草

原产于北美洲的多年生草本植物，通过地下茎繁殖，又叫北美刺龙葵。椭圆形裂叶，叶子上有柔软的茸毛。叶子和茎上稀疏地长着锋利的刺。星形花朵的直径约为 3 厘米，颜色从浅紫色到白色都有。果实为球形，成熟后变成橙黄色，里面有许多种子。据说，它在明治时代初期混在进口牧草种子中入侵了日本千叶县的牧场。

日本植物学家牧野富太郎在他的花园里大量种植过北美刺茄，并且很难对其进行处理，又叫北美刺龙葵。

夏季植物

191

蝶形花为总状花序

草甸上的青紫色花朵十分醒目

2 片小叶为 1 组

歪头菜

Vicia unijuga 豆科

紫色

生长地　山野
高　度　50~100 厘米
花　期　6~10 月

果实为荚果，椭圆形，有清晰的果柄，里面有 3~7 粒种子。

酷似南天竹的一对小叶是其主要特征，嫩时是一种野菜

　　歪头菜是一种春季可食用的野菜，多年生草本植物。茎有棱。卵形叶，顶端尖。复叶，2 片小叶为 1 组，对生。托叶边缘呈锯齿状，一分为二。开蓝紫色的花，约 10 朵花簇生。叶子与灌木南天竹的很像。

夏季植物

 学名中属名 *Vicia* 的意思是环绕，种加词 *unijuga* 的意思是一对。

约 100 朵舌状花

叶子不抱茎

植株笔直伸长，花和花蕾朝上生长

一年蓬

Erigeron annuus 菊科

白色

生长地	荒地、草原、道旁
高 度	30~150 厘米
花 期	6~10 月

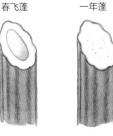

春飞蓬　　　一年蓬

茎内有白髓，充实。而相似的春飞蓬是空心的。

从夏季到秋季都能看到白花

原产于北美洲的一年生或二年生的草本植物，在明治维新前后引入日本。开花时，宽阔的基生叶就会消失。茎上的叶子为铲形，有柄。开白色的舌状花，没有冠毛。花期晚于春飞蓬（P117），但能开花到秋季。基生叶具有茼蒿的香气，闻起来令人很有食欲，但其实含有胰岛素类物质，因此不能食用过量。

像春飞蓬一样，无须受精就能孤雌生殖。

花冠为偏粉色的白色

叶子细长，叶缘呈浅锯齿形

在田野中蔓延生长的白色花朵

半边莲

Lobelia chinensis　桔梗科

（粉色）

生长地	田埂、沟渠
高　度	10~15 厘米
花　期	6~10 月

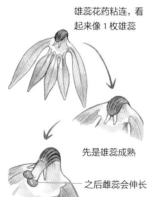

雄蕊花药粘连，看起来像 1 枚雄蕊

先是雄蕊成熟

之后雌蕊会伸长

虽然属于桔梗科，花形却不像桔梗科的花朵

　　长得很茂盛，经常掩盖路边的沟渠。多年生草本植物，从茎的基部分抽出许多分枝，在地面匍匐生长，茎的顶端直立。披针形叶，叶缘呈锯齿形、波浪状，无叶柄，稀疏互生。在叶腋处开有 1 朵花，有 5 枚雄蕊，花药粘连，看起来像 1 枚雄蕊。花柄长，在花朵凋谢后向下弯曲。

 在田野中蔓延生长，宛若被席子覆盖。

没有花瓣，有 5 片萼片

叶子呈椭圆形，顶端尖

红紫色的果实下垂

垂序商陆

Phytolacca americana 商陆科

 白色

生长地	空地、道旁
高　度	70~250 厘米
花　期	6~10 月

成熟果实。扁圆形子房，在幼果时可以清楚地看到子房的数量。

姿态果敢的归化植物，成熟的黑色果实十分醒目

又名美国商陆、美洲商陆，原产于北美洲的多年生大型草本植物。茎的直径约为 5 厘米，分枝良好且偏红色。叶子大，约 25 厘米长。花朵直径约为 5 毫米，呈白色或深红色。果实成熟后会变黑，种子呈黑色。果实和根部含有有毒成分，不能食用。

夏季植物

 浆果的果汁可以当墨水用，所以英语名为 ink berry（墨水浆果）。

195

花瓣顶端像细丝一般

叶子白中带粉

在草原和河边随风摇曳的粉色小花，十分可爱

长萼瞿麦

Dianthus superbus var. *longicalycinus*　石竹科

 粉色

鞘中有很多又黑又细的种子。

生长地	河岸、草原
高　度	30~80 厘米
花　期	6~10 月

夏季植物

夏季盛开，是日本秋季七草之一

　　偏好阳光的多年生草本植物，如果被高草覆盖就会枯萎。分为有花的茎和无花的茎两种，有花的茎直立且顶部分枝。线形叶，基部抱茎。花为粉色，在茎的顶端开几朵。花瓣之间有空隙，根部为红色的须状。

 在河岸绽放的可爱花朵，让孩子们忍不住想要抚摸。

小花全部都是舌状花

叶子为肉质，两面都有刚毛

花茎没有叶，非常长

欧洲猫耳菊

Hypochaeris radicata　菊科

生长地　荒地、街道、草原、道旁
高　度　25~80 厘米
花　期　6~10 月

冠毛张开。种子上有像刺一样的细小的凸起向上密生。

名字和形象不符的美丽花朵

　　在昭和初期就引入日本的一年生草本植物，原产于欧洲。有些植株的茎没有分枝，有些的茎有少量分枝，不论哪种，顶端都有头状花序。所有的叶子都从基部抽出，不挨着茎。披针形叶，两侧有浓密的刚毛，叶缘呈大锯齿状。花为黄色，直径为 3~4 厘米。因为酷似蒲公英，所以又叫假蒲公英猫儿菊。

　法语名字为 salade de porc，意为猪的色拉。

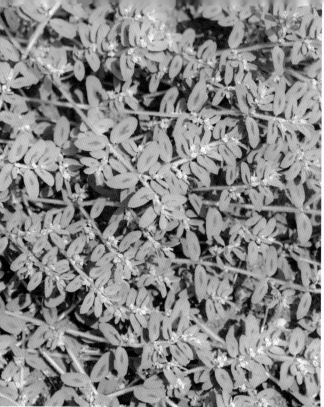

杯状花序

叶子的表面有斑纹

枝条分枝，在地面匍匐生长

斑地锦

Euphorbia maculata 大戟科

褐色

生长地　庭院、田边、道旁
高　度　1~5 厘米
花　期　6~12 月

相 似 植 物

＊大地锦

原产于北美洲的一年生草本植
物。生长在道旁或田地里，植株
高 20~40 厘米。果实上没有毛。

叶子中央的暗红色斑纹是为了吸引昆虫

　　原产于北美洲和中美洲的归化植物，一年生草本植物。
于 1887 年引入日本。茎在地面上匍匐生长。叶子是不对
称的椭圆形，叶缘呈浅锯齿状。花为深红色，带有花瓣状
的附属物。果实表面密布着短短的茸毛。日本本地品种地
锦草的茸毛稀疏，叶子上没有暗紫色斑点。

日语名字为小锦草，是小型地锦草的意思。地锦草的红色茎和绿色叶形成鲜明对比。

花朝下绽放

球形的种子呈蔚蓝色

特征是细叶，群生

麦冬

Ophiopogon japonicus　天门冬科

白色

生长地	林地
高度	7~15 厘米
花期	7~8 月

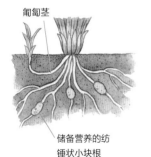

匍匐茎

储备营养的纺
锤状小块根

根将营养储存在纺锤状块根中，干燥
后就是中药里的麦冬。

如果不仔细寻找就会错过的小花

又叫沿阶草，多年生草本植物，生长在林地中。别名龙须草，因为它的叶子细长。麦冬的匍匐茎长，在顶端增殖，成片生长，在花茎的顶端长有数朵白色至浅紫色的花。通常每朵花结 1 个果实。种子通体乳白色，且富有弹性，将蓝色的皮剥掉，抛向混凝土地面后能弹得很高。

 自古就为人所知的植物，日本平安时代的法令集《延喜式》中就有关于麦冬的记载。

褐色的是雄蕊

一团白色的小穗，十分显眼

 宽线形叶，十分坚硬，互生

鸭茅

Dactylis glomerata　禾本科

绿色

生长地	荒地、道旁
高度	40~120 厘米
花期	7~8 月

相似植物

＊鹅草

酷似鸭茅，但花序直立，在开始开花时是柱状，然后分枝散开。

能引起花粉症的典型植物

原产于欧洲和西亚地区的多年生草本植物。据说是在江户时代引入日本的，还有说是作为牧草从美国引进的。数根茎秆从基部抽出，直立，径直生长的茎秆上有许多分枝，许多穗密密麻麻地挤在一起。英文名是 orchard grass 或 cock's-foot。

 由于其对日本本地植物有不利影响，鸭茅也被指定为 100 种外来入侵物种之一。

花被片上有黑紫色斑点

叶腋处有珠芽

10~20 朵鲜艳的花朵长在花茎上

卷丹

Lilium lancifolium 百合科

红色

生长地	村落
高　度	100~200 厘米
花　期	7~8 月

相似植物

＊大花卷丹

生长在阳光明媚的山上，植株高100~150 厘米。与卷丹相比稍小，有薄薄的叶子和浅绿色的茎。没有珠芽，鳞茎可食用。

花色浓艳，通常在花坛中种植

生长在住宅区附近的多年生草本植物。茎为深紫色，有许多披针形的叶子。橙红色的花向侧面绽放，花上有深色暗斑。花粉为黑褐色。由于是三倍体植物，因此不会结籽，但是在日本对马、隐岐等地自然生长的二倍体品种可以结籽。日本各地均有分布，目前不清楚卷丹是日本本土植物，还是古时从中国引进的。

夏季植物

珠芽微苦，和天香百合（P202）一样，鳞茎可以食用，又叫药百合、虎皮百合。

花横向绽放

披针形叶，叶柄很短

盛开后，由于花朵重，会略微倾斜

天香百合

Lilium auratum　百合科

 白色

生长地　丘陵、山地
高　度　100~150 厘米
花　期　7~8 月

果实中有 300~400 粒种子。种子有翅，呈歪圆盘状。

绽放的大花有王者风范

多年生草本植物，是日本神奈川县的县花，又叫山百合。地下鳞茎为浅黄色，由于不苦且可食用，因此可作为蔬菜栽培。茎的横截面呈圆形，略有倾斜地直立生长，茎的顶端长有数朵白花。花有强烈的香气。白色的花被片上有红褐色的斑点，中央有浅黄色的线，顶端弯曲。花粉为红棕色，粘到衣服上很难去除。

 日本特有品种，分布在本州近畿地区以北。其他地区的栽培品种已经野生化。

花被片的顶端并不打开

果实朝上生长

多在林中成片生长

心叶大百合

Cardiocrinum cordatum　百合科

白色

生长地	林中
高度	60~100 厘米
花期	7~8 月

花朵绽放的姿态有一种野性美

多年生大型草本植物，又名姥百合。地下有白色鳞茎，可以食用，是优质淀粉的主要来源。叶子为偏圆形的椭圆形，有长柄。叶子基部宽，呈心形，表面有网状叶脉。花为白绿色，内侧有浅棕色斑点，漏斗形的花几乎与花轴成直角。种子外有一层扁平的薄膜，可随风飘走。

相似植物

＊大姥百合

株型比心叶大百合大，花朵数量多。在日本，从北海道到本州中部以北均有分布。

 花期时，下部的叶子枯萎，就像缺牙老太太，因而得名。

203

花朵外观为白色的个体

在绿化带或公路的斜坡上都能看到

果实里有许多种子

新铁炮百合

Lilium × formolongo 百合科

 白色

生长地	绿化带、边坡、道旁
高 度	30~150 厘米
花 期	8~9 月

花的外表面为紫色的个体是台湾百合，
很难与新铁炮百合区分开。

给人印象是外形像麝香百合（铁炮百合），只是比麝香百合高大

　　多年生草本植物，是麝香百合和台湾百合的杂交种，生长在日本长野县。作为园艺植物栽培，已经野生化，并且近年来迅速增加。茎直立，披针形叶的宽度为 3~7 毫米，多数斜向上生长。茎上有 1~5 朵漏斗形的白花横向绽放。种子生命力旺盛，种子播种后 1~2 年开花。

 日本神奈川县立生命之星与地球博物馆将台湾百合也称为新铁炮百合。

百合的种类

北半球约有 115 种百合，日本约有 14 种，主要生长在森林和草原地带，有些品种也能在湿地自然生长，鳞茎可食用。除此之外，其美丽的外表也让它们成为非常受欢迎的园艺观赏植物。

❖ **麝香百合**
生长在日本西南群岛海岸附近的草地和悬崖上的多年生草本植物。花呈白色，喇叭形，有香味。在欧美，常被用作复活节的装饰。花期为 3 月下旬 ~6 月。

❖ **透百合**
多年生草本植物，生长在日本本州静冈县以北的海岸的岩石上。开橙红色的花，花被片的基部较窄且之间有空隙。花期为 6~8 月。

❖ **日本百合**
生长在日本本州中部以西至九州山区草地上的多年生草本植物。粉红色的漏斗状花令人眼前一亮。花期为 6~7 月。

❖ **渥丹**
生长在日本本州到九州山区的多年生草本植物。朱红色的花朵朝上绽放。花期为 6~7 月。《万叶集》中出现的山丹就是指这一种。

小小的黄白色花朵

覆盖灌木丛，或缠绕在栅栏上

叶子形状各异

木防己

Cocculus trilobus　防己科

生长地　道旁、林边
高　度　约500厘米（藤蔓长度）
花　期　7~8月

夏季植物

形状像菊石一样的种子十分有趣

冬季落叶的藤本植物，雌雄异株，又叫小青藤。藤蔓上密密麻麻地长满了细毛。叶子呈卵形，顶端为圆形，有些个体浅裂成3部分。叶子的两面都有很多短毛，尤其是叶子的背面。花为穗状，果实为球形，成熟后变成蓝黑色，表面有一层白粉。

成熟果实（上），里面的种子形状像菊石（圆圈内）。

 其日语名据说是由葡萄的古日语名演变而成的。

花萼之间的附属体基本上水平张开

叶子呈披针形，顶端尖

群生，十分华丽

千屈菜

Lythrum anceps　千屈菜科

紫色

生长地	湿地
高 度	50~100 厘米
花 期	7~8 月

相似植物

* 虾夷千屈菜

与千屈菜生长环境相同。茎和叶子的背面，以及花萼上都有茸毛，叶子抱茎，这是它与千屈菜的区别。

盂兰盆节的供花，观赏用花卉

生长在湿地上的多年生草本植物，但在田间也有种植。茎的横切面为方形，几乎没有毛。叶子对生，没有叶柄，不抱茎。另一个特征是花萼之间的附属体（突起）向侧面张开。在日本，千屈菜是盂兰盆节的供花，主要用于观赏。一般会将千屈菜的花蘸水放在盂兰盆节的供品上。

 日语名的意思与宗教有关。

夏季植物

重瓣花

长在住宅区附近

叶子从中间弯折垂下

重瓣萱草

Hemerocallis fulva var. *kwanso*　阿福花科

 橙色

* 长管萱草

开单瓣花，比重瓣萱草要小一圈。生长在原野上，和大苞萱草十分相似。

<table>
<tbody></tbody>
</table>

生长地　住宅附近的荒地、田边

高　度　50~100 厘米

花　期　7~8 月

花开一天就枯萎，不过有的个体可以绽放数天

原产于中国的多年生草本植物，是在古代被引入日本各地并传播开的史前归化植物。花为漏斗形、重瓣，花朵直径约为 8 厘米，花被片为橙红色，雄蕊全部或有一部分变成花瓣。不结籽，通过匍匐茎增殖。叶子长 40~60 厘米，为宽披针形。萱草在古代被称为忘忧草，其美丽的外形能让人忘记忧愁。

 其日语名和甘草的日语名相似。但甘草是豆科的植物，地下茎晒干后可以入药。

5 瓣花，从花盘中分泌花蜜

叶子背面也是绿色的

幼果

异叶蛇葡萄

Ampelopsis glandulosa var. *heterophylla*　葡萄科

绿色

生长地	山地或深山中的林边
高　度	300~500 厘米（藤蔓长度）
花　期	7~8 月

许多果实被葡萄瘿蚊寄生，形成虫瘿，变成有光泽的蓝色或洋红色。如果没有被寄生，果实成熟后的颜色是天蓝色。

虽然名字中带葡萄，但是因为果实里有瘿蚊所以不能食用

　　常在山区空地或林边出现的半藤本灌木。卵形的叶子呈 3~5 裂的掌状，顶端尖。叶子背面为绿色，与叶子背面为灰白色的桑叶葡萄不同。花很小，多数为黄绿色。卷须在节上与叶子对生，卷须尖端分叉。有叶子为深裂叶的品种和叶子上无毛的品种。

 果实味道不好，不能吃。可以食用的毛葡萄的颜色为红紫色。

白花十分醒目

雌雄异株，雄花序直立，雌花序下垂

茎上的珠芽

日本薯蓣

Dioscorea japonica 薯蓣科

 白色

生长地　山野林边
高　度　100~300 厘米（藤蔓长度）
花　期　7~8 月

夏季植物

果实有 3 个翅，向下生长，内有种子
（圆圈内），周围有翅。

根部膨胀，和山药一样可以食用

多年生藤本植物。地下有肥大的圆柱形块茎，是多数须根中的一根膨大的产物。叶子为细三角形，一般对生，也有少数为互生。叶腋处有珠芽。果实有 3 个翅，其中有种子，每个果实有 2 粒种子，种子周边有很薄的翅，呈圆形。

 地下膨大的部分可以食用，珠芽可以做成下酒菜或用来炒饭。

210

花被片的边缘呈锯齿状

叶子互生

把整个树木都覆盖住了

山萆薢

Dioscorea tokoro 薯蓣科

 白色

生长地	山野的林边
高 度	100~300 厘米（藤蔓长度）
花 期	7~8 月

果实中有种子，种子（圆内）的一侧
有翅。

小花簇生，十分醒目

别名山卑解，是经常见到的多年生藤本植物。地下茎肥厚，有苦味，不可食用。叶子薄，叶子外形为接近三角形的心形，顶端尖，基部向左右突出。花为偏黄绿色的白色，外形像日本薯蓣（P210），雌雄异株，雌花序垂下。果实为椭圆形，有3个翅，每个翅中有2粒种子，没有珠芽。

 须根多，地下茎像老人的胡须。在日本，正月一般用山卑解作为代表长寿的装饰。

雌蕊不开时雄花期的花

清丽的蓝紫色花朵，白色的雌蕊十分醒目

叶缘呈锯齿状

桔梗

Platycodon grandiflorus 桔梗科

 紫色

生长地	山间草地
高度	40~100 厘米
花期	7~8 月

相似植物

＊白桔梗

偶尔有开白色花的个体。园艺品种中也有开粉色花的。

通常人们认为桔梗秋季开花，但其实它是夏季的代表植物

多年生草本植物。根呈胡萝卜状。叶子的生长方式多种多样，有互生、对生和轮生。细长的卵形叶，顶端尖，背面略带粉白色。当切开茎上的叶子时，会有乳汁流出。茎顶端有几朵蓝紫色的花。雄蕊先成熟，之后雌蕊再成熟，是雄蕊先熟的植物。一般用于观赏，不过近年来灭绝风险不断增加。

 根干燥后是中药桔梗，可以治疗咳嗽、痰症、支气管炎等疾病。

雄花序

雌花序长在雄花序的下面

雄花绽放时十分醒目

三裂叶豚草

Ambrosia trifida　菊科

生长地	空地、河岸
高　度	100~300 厘米
花　期	7~9 月

夏季植物

花粉量大，引发花粉症的原因之一

原产于北美洲的归化植物，是一年生草本植物。叶子像桑叶。生长在稍微潮湿的地方。茎粗而直立，整株被糙毛。叶子对生，裂成掌形，小叶细长、顶端尖。有雄花和雌花，雄花先开花，雄花凋谢后雌花再开。雌花坚硬，呈罐状，并有2个长花柱突出。

春季发芽的三裂叶豚草，叶子顶端带着的是种皮。

 在第二次世界大战后进入日本。在美国被称为 buffalo weed（野牛草）。

雌花簇生成球

结籽时，茎的顶端下垂

雄花有 4 枚雄蕊和 4 个花被片

苎麻

Boehmeria nivea　荨麻科

生长地	原野、住宅附近
高　度	100~150 厘米
花　期	7~9 月

叶子背面为白色，茸毛密实。叶子背面是绿色的被称为青叶苎麻。

人们一直使用从苎麻的茎中提取的纤维

　　自古以来就被用来制作线和绳的多年生草本植物，日语名为"茎蒸"，因为要将其蒸干并去皮取纤维。日本各地都有种植，渐渐野生化，目前还不清楚苎麻是否是日本本土品种。卵形叶，有整齐的锯齿状叶缘，叶顶端尖。雄花序长在茎的下方，雌花序长在茎的上方。

 在日本，用苎麻织的越后布和萨摩布，直到现在都很有名。

有 3~5 根红色的柱头

种子为黑色、歪球形

地面铺满了红紫色的花朵

毛马齿苋

Portulaca pilosa 马齿苋科

红色

生长地　砂地、田边、道旁
高　度　10~20 厘米
花　期　7~9 月

相似植物

＊马齿苋

生长在田边等阳光明媚的地方的一年生草本植物。花在阳光下绽放，在黑暗时闭合。它是一种野菜，煮后就可食用，新鲜的马齿苋叶子还可以涂抹在被昆虫叮咬的患处。

在垫子一般的植株上，绽放的小小红色花朵十分醒目

原产于美洲热带地区的一种归化植物，一年生草本植物。茎和叶子为肉质，茎分枝并在地上匍匐蔓延。棒状叶，很少有叶柄，互生，但在茎的顶端叶子成环状。茎的顶端有数朵花，花朵直径约为 1 厘米，有 5 片花瓣，基部有浓密的白毛，比园艺品种大花马齿苋的花要小。

20 世纪 60 年代就广为人知，分布在日本关东地区以西。

夏季植物

花冠呈筒形，顶端为唇形

茎上的直立花穗，细长

随着开花，花穗径直伸长

透骨草

Phryma esquirolii 透骨草科

 白色

生长地	丘陵、林边
高　度	50~70 厘米
花　期	7~9 月

夏季植物

在结果期，花萼的顶端向下方生长，而且颜色会变暗。花萼的顶端坚硬并弯曲呈钩状。果实包裹在花萼中，能将种子挂在动物的毛皮上。

仔细看就会发现粉白色的花朵，十分美丽

在几乎没有阳光的潮湿地方静静绽放小花的多年生草本植物。卵形叶，叶子薄，在茎的下部，基本是等间隔对生的。开白色花，偶尔有偏浅粉色的。在开花时，花萼的顶端变成洋红色，为白色花朵更添一抹重彩。花蕾朝上生长，开花时侧向绽放。

🐞 根榨出的汁液可以用来制作捕蝇纸。

圆形的黄色雌蕊

果实里有许多粉状的种子

可在芒的根部看到一个神秘的世界

野菰

Aeginetia indica 列当科

粉色

生长地　山野
高　度　15~30 厘米
花　期　7~9 月

相 似 植 物

* 中国野菰

比野菰更大，花萼顶端钝圆，花冠边缘呈细锯齿状。

在《万叶集》里被称为相思草

　　寄生植物，是一年生草本植物，又叫僧帽花。它会寄生在芒、甘蔗、蘘荷等植物的根上。地下茎上有鳞片状的小叶稀稀拉拉生长着。看起来像地上茎的部分其实是花柄，从地下茎伸出数根花柄，顶端有 1 朵花横向绽放。花萼顶端尖，稍显肉质，有浅红色的条纹。花冠略显肉质，呈浅红紫色，不开裂。

长在花柄顶端的花朵外形像烟斗，又叫烟斗花。

5 片花瓣，雄蕊十分醒目

叶子对生

叶子和花上有肉眼可见的黑腺点。果实偏红

小连翘

Hypericum erectum　藤黄科

黄色

生长地	草原、田埂
高　度	30~50 厘米
花　期	7~9 月

夏季植物

相似植物

＊地耳草

生长在休耕地等湿地中，植株高度为 3~10 厘米的小型植物。卵形叶上有许多小亮点。花期为7~8 月。

在草原上直立开花，这种植物有一个令人悲伤的传说

多年生草本植物。一般茎直立。通常为卵形叶，在表面上有许多黑腺点和黑线，叶缘上有黑腺点排列。开黄色花，花瓣上也有黑腺点和黑线。雄蕊先成熟并吐出花粉后，雌蕊再成熟等待授粉。全株干燥后就是中药中的小连翘。煎服后饮用，有止血和止痛的效用，民间将榨出的汁液涂抹在割伤或瘀伤部位。

日语名是弟切草，源自从平安时代流传下来的围绕这种草引起的杀死弟弟的悲伤传说。

蝶形花

小叶有 7~11 片

群生，粉色的小花十分醒目

马棘

Indigofera pseudotinctoria 豆科

（粉色）

生长地	田野、堤坝
高　度	30~90 厘米
花　期	7~9 月

相｜似｜植｜物

* 河北木蓝（果实）

有观点认为它与马棘是同一种植物。果实为圆柱状，成熟后变黑，内有数粒黄绿色的种子。

花朵可爱，根系结实牢固

　　生长在阳光充足、干燥的地方，看起来像草本植物，但其实是小型灌木。叶为羽状复叶，小叶为椭圆形。花序上有浅红色或白色的花朵密生。根系牢固，不易拔除，因此得名马棘，意思是结实到可以拴住马。不过马吃这种草，所以看来这种说法不可靠。

花朵是黄粉蝶、豆粉蝶、银灰蝶等多种蝴蝶的食物。

花开一天就枯萎

叶子的基部抱茎

一层一层的花序

杜若

Pollia japonica　鸭跖草科

生长地	林下的灌木丛
高　度	50~100 厘米
花　期	7~9 月

果实为球形，为偏白的蓝黑色。种子为深褐色，像矿石一般，种子中心有坑，外形奇特。

又叫地藕，但不能食用

　　多年生大型草本植物。叶子呈椭圆形、表面粗糙，顶端像尾巴一样细长。叶子在茎的中部 6~7 片聚集生长，包围着茎，互生。白色花的个头小，花朵直径为 7~10 毫米，花萼和花瓣都为白色。开花后花瓣立即枯萎，但厚厚的花萼会留下来，包裹着果实。除种子外，地下茎也能繁殖。

 在灌木丛中生长发育，叶子和蘘荷的叶子相似。

花瓣顶端浅裂

从裂开的果实中能看到种缨

花的基部细长，看起来像花柄一样的部分是子房

长籽柳叶菜

Epilobium pyrricholophum　柳叶菜科

粉色

生长地	山脊、湿地
高　度	30~70 厘米
花　期	7~9 月

日语中将其命名为赤花，因为长籽柳叶菜的叶子在秋季会变成粉红色。

柔软的粉色花朵，为大地更添一抹红色

　　生长在湿地上的多年生草本植物。椭圆形叶，叶缘呈锯齿状，几乎没有叶柄。叶子对生，基部最宽，微微抱茎。茎和叶子背面有毛。开粉红色花，有4片花瓣、8枚雄蕊，雌蕊顶端（柱头）为柱状。果实成熟时，果皮纵向裂成4片。种子上有长长的红棕色种缨，可以被风吹散。

 同属的光滑柳叶菜有白色或粉红色的花朵和球形柱头。到了秋季叶子会变成红色。

有 5 片花瓣，向内侧弯曲

叶子表面有褶皱，十分明显

茎的顶端有不起眼的白色小花

变豆菜

Sanicula chinensis 伞形科

 白色

生长地	林边、林中
高度	30~120 厘米
花期	7~9 月

大叶子很像可食用的鸭儿芹（三叶芹）

生长在森林中和森林边缘的多年生草本植物。茎直立，通过分枝延展。由 3 片小叶组成复叶，但有些个体有 5 片小裂叶。枝条顶端有几朵白花，花序是由雄花、雌花和两性花混合而成。与可食用的鸭儿芹同属伞形科，但没有香气。

3 个果实簇生，果实为卵形，整体覆盖着弯曲的刺。

 日语名字为马三叶，意思是人不能食用，但马可以食用的鸭儿芹（三叶芹）。

花朝下绽放

看起来像果实的是种子

株型大，有细长的叶子

剑叶沿阶草

Ophiopogon jaburan　天门冬科

白色

生长地	林边、林中
高度	30~50 厘米
花期	7~9 月

天蓝色的种子很美

　　生长在海边的森林中的大型多年生草本植物。叶子呈线形，厚且有光泽。花茎扁平，有窄翅。本品种的主要特征之一是花茎会变宽。白色或浅紫色花，花茎向下弯曲成弓形。每朵花都结 1 个果。果实成熟后，果皮会裂开，露出蓝色的种子。

大型茂密的植株，很有存在感，在林中十分醒目。

 茎扁平，就像用熨斗熨过一样。叶子像兰花的叶子。

夏季植物

也有分 2 段开花的个体

细长的卵形叶

早上开花，开一天就枯萎

鸭跖草

Commelina communis 鸭跖草科

生长地　道旁、田边、林边
高　度　25~50 厘米
花　期　7~9 月

夏
季
植
物

清晨带着露水开花的姿态十分美丽

随处可见的一年生草本植物。茎在地面匍匐生长，上部向上斜并分枝。叶子呈椭圆形，基部成鞘状包茎。在折叠的苞片中有几朵花。不分泌花蜜，所以不怎么吸引昆虫。当花朵开始凋谢时，雄蕊和雌蕊卷起，并进行自花授粉，然后在苞片中结籽。

假雄蕊

雌蕊

完整雄蕊

有 6 枚雄蕊，其中 2 枚是产生花粉的完整雄蕊，花粉向外飞散。其余则不能产生花粉，是假雄蕊。

《万叶集》中有 9 首诗歌是咏颂鸭跖草的。

花朵从下至上绽放

果实上有密生的毛

繁殖力强，被其覆盖的树木会枯萎

葛

Pueraria lobata 豆科

生长地　山野
高　度　约10米（藤蔓长度）
花　期　7~9月

叶子掉落后留下的痕迹，看起来像一张树懒的脸。

虽然是有用的植物但也有令人困扰的地方。
《万叶集》中的秋季七草之一

　　葛是一种常见的大型藤本植物，半灌木。强壮而茂盛。叶子大，由3片小叶组成复叶。叶子背面为白色，风吹时很醒目。在日本诗歌中经常被用来暗喻"背叛""恨"。紫红色蝶形花，花朵在花序上密集簇生。旗瓣的底部有1个大黄斑，散发着葡萄般的气味，经常吸引熊蜂前来采蜜。

　过去其叶子被用作饲料，而茎去除纤维后用途广泛。

头状花序的总苞非常长，这是它的特征之一

在住宅附近经常看到

叶子上面有约 1 毫米长的刺

翼蓟

Cirsium vulgare　菊科

 紫色

生长地	荒地、道旁
高 度	50~150 厘米
花 期	7~9 月

不小心碰到能让人疼到跳脚的蓟

　　二年生草本植物。直立的茎上有翅，还有很多锋利的刺。开花后基生叶不枯萎。茎上的叶子为椭圆形，羽状分裂。叶子背面有毛，基部抱茎。和日本本土的蓟属植物不同，翼蓟不仅在叶缘上，连叶子表面都有刺。头状花序朝上开花，总苞为浅紫红色，没有黏性。

种子上有蓬松的毛，能像蒲公英一样随风飞散。

 在日本经常被称为美国蓟，但其实原产地是欧洲，并不是美国。

总苞上有密生的毛

基生叶的主脉呈红色

茎直立，顶端有头状花序

野原蓟

Cirsium oligophyllum 菊科

紫色

生长地　草原
高　度　30~100 厘米
花　期　8~10 月

从夏季到秋季，都能在草原上见到的蓟类

总苞长，并呈轮状围绕在头状花序周围。

　　通常在干燥的草地上出现的多年生草本植物。基生叶大，成羽状分裂，带有尖刺，在花期仍然残留。茎上的叶子很少，十分不明显。头状花序在枝条顶端直立，有些几乎没有花柄。花朵一枝独秀，或 3~5 朵簇生。总苞为浅绿色、钟形，顶端呈短针状，略微弯曲且没有黏性。

 与在春季开花的蓟（P139）非常相似，但可以通过总苞的形状加以区分。

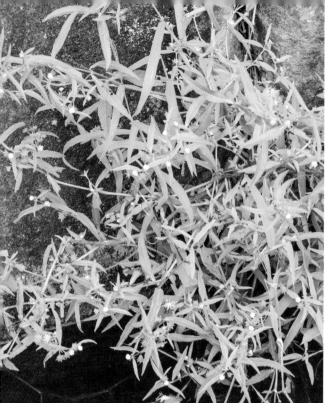

舌状花和管状花都是白色的

叶子覆毛

植株生长茂密，开小白花

美国鳢肠

Eclipta alba 菊科

白色

生长地　田埂、田边
高　度　10~60 厘米
花　期　7~9 月

美国鳢肠　　　　　鳢肠

四棱形

整个侧面有突起

只有中央有突起

美国鳢肠与鳢肠非常相似，但可以通过种子的形状加以区分。

在湿地上茁壮生长，绽放白色的小花

　　原产于美洲热带地区的一年生归化植物，在日本全国各地广泛分布。茎的下部稍微向侧面匍匐，而上部向对角方向延伸。叶子对生，顶端像尾巴一样尖，并且呈现清晰锯齿状。开白花。在日本关东以西地区，美国鳢肠比本土的鳢肠更加常见。很难通过外形区分两个品种。

鳢肠这个名字的来源未知。

雄蕊很多

叶缘呈大锯齿状、边缘锋利

开黄色小花的花穗在山野中尽情绽放

龙牙草

Agrimonia pilosa var. *japonica*　蔷薇科

生长地	山地、低地的林边或道旁
高　度	30~80 厘米
花　期	7~10 月

龙牙草的果实。顶端有大量的钩状毛，可以挂在动物毛皮或人的衣服上。

在山地或丘陵中，经常能看到这种黄色花穗不规则地绽放

　　从山区到低地都可以找到的多年生草本植物。茎分枝，有毛密生。叶子为羽状复叶，由 5~9 片小叶组成，叶缘呈锯齿状。另外，在叶子的整个表面上密布着白色或浅黄色的腺点。半圆盘状的托叶边缘也呈粗大锯齿状，茎顶端有细长的穗状花序。有 8~15 枚雄蕊，和其很相似的日本龙芽草只有 5~8 枚雄蕊。

细长的黄色花序很像金线草（P295）。

叶子的基部有 2~3 朵花

叶子 3 裂

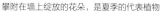

攀附在墙上绽放的花朵，是夏季的代表植物

牵牛花

Ipomoea nil　旋花科

 粉色 紫色 蓝色

生长地　道旁
高　度　约 200 厘米（藤蔓长度）
花　期　7~10 月

夏季植物

斑驳的花朵让人感到神清气爽。在牵牛花市寻找一盆牵牛花是日本夏季独有的乐趣。

日本名为"朝颜"，意思是早上绽放的美丽花朵

原产于亚洲的一年生藤本植物。据说是在日本奈良时代，由遣唐使作为草药带回日本的，江户时代改良成园艺植物。花色有白色、红色、紫色和蓝色等，但最接近原始花色的是蓝紫色。漏斗形花，清晨绽放，下午凋谢。果实为球形，分为 3 个小室，每个小室包含 2 粒黑色的种子。

 种子可入药，常被用作利尿剂或泻药。

牵牛花的种类

在江户文化处于成熟时期的日本，牵牛花的改良有了进展。江户时代的牵牛花园艺爱好者偏爱形状独特的花朵。在此期间，牵牛花的专业图画书陆续出版。亚热带有许多牵牛花的野生品种，在这里我们将介绍日本常见的品种。

❖ 海洋蓝
变色牵牛的园艺品种。也被称为蓝景花、鸢尾牵牛花等。繁殖能力强，能覆盖整个树木的蓝紫色大花品种。

❖ 瘤梗番薯
原产于美国的归化植物。花期为 7~9 月。开小白花。花柄上有疣状的隆起棱。

❖ 变色牵牛
生长在海岸边的草地上。花期为 6~11 月。开浅紫色花。花萼不弯曲（牵牛花是弯曲的）。

❖ 三裂叶薯
原产于美洲热带地区的一种归化植物。花期为 7~9 月，开粉红色的星形小花，直径约为 1.5 厘米。

花被片基本不弯曲

群生，这个时期没有叶子　　叶子柔软、呈白绿色，叶子呈线形、稍宽

血红石蒜

Lycoris sanguinea var. *sanguinea*　石蒜科

 橙色

生长地	林中
高度	30~50 厘米
花期	8 月

夏季植物

相似植物

＊九州石蒜

花比血红石蒜花大，雄蕊长，春季叶子更宽。在日本，从本州（关东以西）到九州均有分布。

叶子看上去像剃刀，其实很柔软

生长在森林中的多年生草本植物，有毒。叶子在春季长出，到夏季花朵开花时枯萎。茎的顶端侧生有 3~5 朵橙色的花，花被片为披针形，雄蕊的长度与花被片大致相同。果实为球形，内部有球形的黑色种子。与本品种相比，相似的九州石蒜有更宽的叶子、更大的花朵和更长的雄蕊。

 日语名为狐的剃刀，意思是春季长出的叶子的形状像狐狸用的剃刀。

232

花冠像星星

果实约长 10 厘米

虽然花不大，但十分醒目

萝藦

Metaplexis japonica 夹竹桃科

 白色

生长地　田野
高　度　约 200 厘米（藤蔓长度）
花　期　8 月

成熟后果实裂开。种子扁平，呈椭圆形，种子上有长长的毛，随风飘散。

纺锤状的果实十分有个性，种子上的白毛十分好看

藤本多年生植物。切开茎和叶子时，会流出乳液。叶子对生，叶子的上表面略有光泽，背面为白绿色，顶端较尖。几朵花聚集长在从叶腋处抽出的花柄上，花朵内侧为浅紫色，有浓密的毛。雄蕊合生，围绕着雌蕊，只有花柱突出。袋状果实的表面有疣状的隆起，果实成熟后会破裂，内部的种子会散落出来。

 据说种子的毛有止血效用，也被用来代替棉花或印泥。

夏季植物

233

当天色渐暗后花朵才绽放

红色成熟的果实和种子（圆圈内）

被草木覆盖，呈灌木状

王瓜

Trichosanthes cucumeroides 葫芦科

白色

生长地	树荫下、林边
高　度	约 300 厘米（藤蔓长度）
花　期	8~9 月

秋季，藤蔓的顶端会向下潜入地下，顶端会长出新植株。

花朵在夜晚绽放，像纯白的蕾丝

生长在树荫下的多年生雌雄异株藤本植物。有 3~5 片裂叶，叶子两边都有毛密生。花在日落后不久绽放，在日出之前枯萎，传粉的天蛾会被香气吸引而来。果实是美丽的红色，但不能食用，种子的形状像小锤一样。

 茎中部形成的结被称为虫瘿，这是丝瓜瘿蚊造成的。

像蕾丝一样的花瓣

生长在林边或阴暗处

褐色的种子扁平、呈椭圆形（圈内）

日本栝楼

Trichosanthes kirilowii var. *japonica* 葫芦科

白色

生长地	林边
高　度	300~500 米（藤蔓长度）
花　期	7~9 月

叶子的形状与王瓜一样，无毛且光滑。

秋季圆形黄色的果实挂在枝头

　　通常是雌雄异株的多年生藤本植物。和王瓜（P234）相比，叶子的颜色较深，是更宽的心形叶，并且表面略有光泽。花冠的顶端呈细丝状，看起来像蕾丝。虽然是在夜间绽放的一日花，不过也有在太阳升起后仍会继续开花的个体，并且可能一直绽放到中午。日本栝楼的花瓣和王瓜一样细长，而花冠下方的花萼比王瓜更短。

夏季植物

 块根的淀粉（天花粉）可入药，用于防止儿童发疹。

叶腋处有几朵花

果实变黄就成熟了

缠绕在栅栏上

鸡屎藤

Paederia foetida　茜草科

白色

生长地	灌木丛、草地
高度	200~300 厘米（藤蔓长度）
花期	8~9 月

叶缘和主脉上有细毛。叶柄基部的三角形叶被称为叶间托叶（圆内）。

花朵极美，触碰后会散发出和名字一样独特的气味

生长在阳光充足地方的藤本植物。叶子是细长的卵形，在叶柄基部有 2 对三角形的小突起。叶子对生，每片都有托叶 4 片，左右两片合生在一起，所以看起来只有 2 片，这是鸡屎藤的特征之一。漏斗状的花冠为白色，内表面为洋红色，有腺毛密生，这些毛是保护屏障，可以保护花蜜免受蚂蚁等的侵害。

 在古代，榨出的汁液被用来治疗龟裂和皲裂。

由许多花朵聚集而成的头状花序

3 片裂叶

当水位上升时，在被淹没的河岸上经常能看到

白头婆

Eupatorium japonicum 　菊科

白色　粉色

相似植物

* 佩兰

原产于中国，一般栽培品种叶子的裂片细小、上部的叶子裂纹深、花色浓郁，可以以此将其与白头婆区分开。

生长地	河边等草地
高　度	100~150 厘米
花　期	8~9 月

带着田园风情，散发着香气的神秘植物。
在《万叶集》中是秋季七草之一

　　通常种植在花园中的多年生植物。奈良时代从中国引入日本。茎直立，长三角形叶，叶子表面有腺体。茎顶端有浅紫色的头状花序，密生。果实有冠毛，可以被风吹走。新鲜干燥的茎上的叶子含有香豆素，散发出令人愉悦的气味。在中国被称为香草和香水兰，可以用来泡澡或制作随身携带的香囊。

夏季植物

日语名为藤袴，是因为花色像紫藤而得名。

花蕾的顶端尖

花朵绽放时，基本能将绿色的叶子遮住

叶柄缠绕在其他植物上

圆锥铁线莲

Clematis terniflora 毛茛科

 白色

生长地　林边、道旁
高　度　150~300 厘米（藤蔓长度）
花　期　8~9 月

夏季植物

果实扁平，雌蕊的花柱上有长毛。毛的长度约为 3 厘米，羽状，可随风吹散。

花朵密集，绽放时一团雪白

　　圆锥铁线莲是一种藤蔓半灌木（茎下部木质化），在阳光充足的地方经常能看到。叶子有长柄，羽状复叶，有 3~5 片接近卵形的小叶。茎顶端和叶腋处有许多白花密生。有 4 片看起来像花瓣的萼片。有毒，当汁液碰到皮肤会引发水疱。

 日语名为仙人草，因为果实的长白毛看起来像仙人的白发。

数枚雌蕊粘在一起

形状像小型牡丹的叶子

开花时十分醒目，有毒

女萎

Clematis apiifolia var. *apiifolia*　毛莨科

 白色

生长地	山野
高　度	200~400 厘米（藤蔓长度）
花　期	8~9 月

叶子像牡丹的叶子

生长在森林边缘阳光明媚的地方的藤本半灌木。复叶，卵形小叶边缘呈锯齿状。从茎的顶端和叶腋处抽出花序，多数小花朝上生长。有 4 片萼片，看起来像花瓣，略呈白色。有许多雄蕊，呈放射状。叶子像牡丹的叶子。

果实为卵形，表面覆盖着短毛。细长的花柱上有白色短毛，像羽毛一样。毛长约 1 厘米，比圆锥铁线莲的毛短。

 女萎的叶子看起来很皱，但是圆锥铁线莲的叶子却很光滑。

夏季植物

239

很多花聚在一起绽放

在森林边缘静静绽放的花朵

叶子绿中带青

山黑豆

Dumasia truncata 豆科

生长地　林边
高　度　约300厘米（藤蔓长度）
花　期　8~9月

果实为紫色，在山野中非常引人注目。左下方照片中是未成熟的果实。果实内有3~5粒球形种子。种子上面有白色粉末。

深紫色的成熟果实令人印象深刻

　　分布在高山或丘陵地区林边的多年生藤本植物。叶子是由3片小叶组成的复叶，中央的小叶为长卵形。开蝶形花，浅黄色。豆科植物的花萼顶端一般呈5个锯齿状，但山黑豆不是，花萼顶端呈斜切状。果实成熟后会变成深紫色，与从缝隙中若隐若现的黑色种子形成鲜明对比。

 果实最初是朝上生长，又名山豆根。

花的内侧有暗红色的斑点

幼苗的叶子像扇子一样展开

大型植物，姿态清丽，叶子也有观赏价值

射干

Iris domestica　鸢尾科

橙色

生长地	山间草地
高　度	50~100 厘米
花　期	8~9 月

球形的种子，带有黑色光泽

　　观赏用多年生草本植物。花茎顶部有 2~3 个分枝，顶端有橙色的花。一日花，清晨绽放。叶子的形状像剑，呈扇形散开。在日本，因形状酷似桧扇而得名桧扇。秋季，果皮破裂，能看到里面黑色的种子，在日语里被称为射干玉或乌羽玉，在日本诗歌中常用来比喻黑夜或黑色的东西。

果实长约 3 厘米，有 3 个小室。种子直径为 5~6 毫米、呈黑色、有光泽，常用作插花材料。

 日语名为桧扇。日本天皇即位典礼时，皇后拿着的扇子就是桧扇。

雄蕊和花被片一样长

数株群生

花柱呈丝状，长而突出

鹿葱

Lycoris × *squamigera*　石蒜科

粉色

非常醒目的粉色花朵

原产于中国的多年生植物，观赏植物，现在基本野生化。地下有直径约为 5 厘米的鳞茎。线形叶子宽阔，为粉绿色。叶子在早春生长，在夏季花期到来之前枯萎。花茎顶端有数朵花，呈喇叭形、粉红色，6 片花被片的顶端略微弯曲。含有花粉的雄蕊的花药也是粉红色的，不能结籽。

生长地	山地
高　度	50~70 厘米
花　期	8~9 月

相[似]植[物]

* 钟馗水仙

花被片呈亮黄色，雄蕊也为黄色，几朵花侧生，花期为 9~10 月。生长在日本四国、九州和冲绳的山区，有时也被人工种植。

 叶子酷似水仙，因在夏季开花，又称为夏水仙。

5 枚雄蕊中有 2 枚极长

叶子厚且呈细长卵形

全株紧贴柔软的毛

毛蕊花

Verbascum thapsus 玄参科

生长地	荒地、道旁
高度	100~200 厘米
花期	8~9 月

幼株覆盖着灰白色的茸毛，呈莲座状。

植株高，黄色的花朵十分醒目

在明治时代就开始人工种植。原产于欧洲的归化植物，目前已在世界范围内广泛存在，大型二年生草本植物。茎直立，基生叶为长椭圆形，在基部形成莲座状，茎上的叶子互生。叶子厚，覆盖着柔软的毛。枝条顶端有长花穗，上有黄色花朵密生。果实为球形，内有细小的种子。

 雄蕊和全株都有灰白色的茸毛覆盖，因而得名。

243

花朵自下而上绽放

花朵绽放时，没有叶子且不太引人注目

叶子在春秋两季长出

绵枣儿

Barnardia japonica 天门冬科

 紫色

生长地	草地
高 度	20~50 厘米
花 期	8~9 月

夏
季
植
物

果实成熟后裂成 3 瓣，每瓣里有 1 粒种子

在日照充足的草地上成片快速生长

　　有球形鳞茎的多年生草本植物。叶子呈线形，厚而柔软，长 10~25 厘米。叶子在春季和秋季有 2 次生长，春季的叶子在夏季会枯萎，秋季长出来的叶子之间会抽出细长的花茎，在其上开花。有 6 片花被片，浅紫红色。名称来历不明，日语别名为参内伞，因为花茎类似贵人在宫殿中使用的伞。

 是一种救荒植物，将鳞茎去除涩味就可食用，不过有毒。

244

红白混色的花朵

花和花萼融合在一起

栽培品种已经野生化，到处都是

紫茉莉

Mirabilis jalapa 紫茉莉科

生长地	道旁
高　度	40~50 厘米
花　期	8~10 月

萼筒

总苞

成为假果的子房

假果的表面有突起，变黑就是成熟了。

花形和花色各种各样，在傍晚绽放的一日花

原产于美洲热带地区的多年生草本植物，在世界各地被广泛种植，在江户时代进入日本，现在已经野生化。枝条从腋芽间交替伸出，并横向展开，叶子对生。花聚集在树枝的顶端，花色有红色、黄色和白色等，尤以红色为多。当花药裂开后，花粉散出时香味最浓。胚乳为白色粉状，这就是它的日语名字白粉花名字的来源。

 英文名为 four o'clock flower，意为其在傍晚绽放。

结籽后，种子很快就掉落了

临水而生的稗，比水稻稍微矮一些

线形叶，叶缘呈粗糙的锯齿状

稗

Echinochloa crus-galli var. *crus-galli*　禾本科

生长地	湿地、水田
高 度	60~100 厘米
花 期	8~10 月

夏
季
植
物

变种很多，有些变异品种有很长的芒。据说可食用农作物紫穗稗就是起源于稗。

是一种在和人类共处的历史中，展现了极强的生存策略的杂草

生长在阳光充足的湿地或水田中的一年生草本植物。经常被用作牲畜饲料。线形叶，没有叶舌，这在禾本科植物中很少见。花穗倾斜并且有许多小穗。发芽时间比水稻晚，为了不被拔出，长得比水稻更不起眼，并在水稻收获前就散播种子，为下一年做准备，是一种展现了极强的生存策略的杂草。

 在日本绳纹时代的遗迹中就出土了稗，是当时重要的食物。

花被片有 6 片

叶子约长 40 厘米

花茎比叶高

葱莲

Zephyranthes candida　石蒜科

 白色

生长地	绿化带、道旁
高　度	约 30 厘米
花　期	8~10 月

果实像南瓜一样，有 3 个隆起，成熟后会裂开并吐出少量种子。

在雨后，所有的花茎一起抽出生长

　　原产于南美洲的多年生草本植物。据说是在明治时代初期进入日本，最初用于观赏，后来野生化。地下有直径为 2~3 厘米的鳞茎，从鳞茎中簇生出线形叶。花茎顶端长有 1 朵白色的 6 瓣花，朝上生长。鳞茎增殖频繁，一般生长在住宅附近。

夏季植物

 毒草。叶子像韭菜，鳞茎像薤白，所以经常有误食的报告。

开小红花，绽放时花朵之间没有空隙

花期比较长，在秋季绽放时十分显眼

叶子两端细、顶端尖

长鬃蓼

Persicaria longiseta 蓼科

红色

生长地　原野、田埂、道旁
高　度　20~60 厘米
花　期　6~10 月

成片生长，一片赤红十分显眼

从春季到秋季陆续发芽的一年生草本植物。茎微红，托叶鞘（鞘状的托叶）上有毛。茎的顶部长出细枝，小花密密麻麻地堆成穗状花序。没有花瓣，花萼为洋红色，即使在结果期颜色也不会变。果实呈深褐色，卵形、顶端尖。叶子不像水蓼的叶子有辣味。

 相似植物

*水蓼

生长在水边或湿地上，下垂的花序上开有数朵红花。叶子辛辣，可以生吃。

在日语中别名的意思为红豆饭，即将小红花比喻成红豆饭。

蓼的种类

在日本各地有约 30 种蓼，在水田、路边、山地或沼泽等地方生长。蓼类的特征是具有托叶鞘，并且果实两面凸起。叶子的形状、花朵的生长方式和颜色等是区分每个品种的要点。

❖ 酸模叶蓼

生长在荒地或湿地上。茎节部膨大，披针形叶的叶脉清晰可见。托叶鞘无毛，花序上部下垂，开白色花，在结果期花偏红。

❖ 红蓼

栽培品种已野生化。大型植株，全株上有毛密生，叶子为卵形，顶端尖，叶子基部为圆形。托叶鞘的上部向侧面扩展。粉红色的花穗下垂。

❖ 丛枝蓼

生长在森林中或森林边缘。与长鬃蓼相似，但叶片薄而无光泽，表面有稀疏的粗毛。花穗比长鬃蓼要稀疏。

❖ 伏毛蓼

生长在湿地上，有细长的椭圆形叶子。茎和叶子上有毛，叶子表面有紫褐色的八字形斑纹。与水蓼十分相似，但叶子没有辣味。

❖ 樱蓼（显花蓼）

生长在低洼、阳光明媚的水边。雌雄异株，在所有原产于日本的蓼类植物中，花朵最大、最美丽。开粉红色花，花穗顶端下垂。

❖ 蚕茧草

生长在沼泽中。雌雄异株。通常樱蓼的枝条顶端只有 1 个花序，而蚕茧草有多个花序，大多为白花。

经常能见到的植物

头状花序的直径约为 5 毫米

叶缘呈小锯齿形、波浪状

粗毛牛膝菊

Galinsoga quadriradiata 菊科

白色

生长地	空地、住宅附近、田边、道旁
高　度	15~60 厘米
花　期	6~11 月

小花像星星一样绽放

原产于美洲热带地区的一年生草本植物，一年四季都可以在城市中看到。茎经常分枝延展。叶子细长，呈卵形，主脉突出，两侧有 3 条脉十分明显，叶子两面都有许多毛，对生。头状花序的外侧有几朵舌状花，花冠为白色，顶端 3 裂。果实为黑色，有鳞片状的冠毛，可随风飞散。

茎和叶子上有直立的细毛，有时腺毛密生。

 最初是在扫溜（日本以前把住宅区专门扔垃圾的地方叫扫溜）附近发现，所以在日本也叫扫溜菊。

有 6 片花被片，基部为筒形

叶柄中部膨大呈袋状

在湖边沼泽等地群生，花朵十分美丽，引人注目

凤眼蓝

Eichhornia crassipes　雨久花科

紫色

生长地	湖沼、池塘、水旁
高　度	10~80 厘米
花　期	6~11 月

叶子枯萎，叶柄像袋子一样漂浮在
水面上。

虽然花朵美丽，不过繁殖力强，难以根除

原产于南美洲阿根廷的归化植物。在明治时代（也有说是江户时代）作为观赏植物被引入日本，之后开始野生化，并在日本湖泊和沼泽中大量繁殖。是一种漂浮在水面上的多年生草本植物，靠匍匐茎分株增殖。根为黑紫色，从叶间抽出的茎尖上开出许多美丽的浅紫色花朵。日语名为"布袋葵"。

秋季植物

当凤眼蓝大量繁殖时，就会变成害草，破坏本地水生植物或水稻的生活环境。

在水田等地茁壮生长

花在叶子下方

叶柄比花柄长

鸭舌草

Monochoria vaginalis 雨久花科

 紫色

＊雨久花

生长在沼泽或水田里。心形叶，有光泽。一日花，呈浅紫色，花期为 8~9 月。

生长地	池塘、水田
高　度	10~40 厘米
花　期	8~10 月

水田常见杂草

　　生长在水田、休耕田或池塘中的一年生草本植物。根状茎极短，叶子从基部长出。卵形叶或圆形叶，形状各异。叶子有光泽，叶缘光滑。花为青紫色，数朵簇生在比叶子低的位置上。一日花，花朵凋谢后从基部朝下弯曲。果实为椭圆形，里边有许多直径不足 1 毫米的种子。

 酷似小型的雨久花。

水草的种类

　　各种水生植物生长在湖泊池塘或水田中。分为挺水植物（根在水底，一部分茎和花拔出水面）、浮叶植物（叶子在水面漂浮）、沉水植物（整株上的茎和叶子都在水下）、浮游植物（根不固定在水底，漂游在水中或水面上）等。

❖ 欧菱（千屈菜科）
生长在池塘中。叶子略呈菱形，叶柄上有一个像漂浮袋一样的突起（浮囊）。每天开1朵白花。果实的刺变化为花萼。

❖ 睡莲（睡莲科）
生长在池塘或沼泽中。椭圆形浮叶，深裂。据说在午后2点（未时）开花，所以日语名为未草（实际是上午开花，黄昏闭合）。

❖ 芡（睡莲科）
生长在池塘中，水面漂浮的叶子上有大而尖的刺。开紫红色花。在水中结果，种子漂浮散播。又叫芡实、鸡头米。

❖ 金银莲花（睡菜科）
成群生长在湖泊或池塘中。叶呈圆形，基部为心形。开白花，在花冠裂片的内侧和边缘上长有密集的长毛。为准濒危灭绝的物种。

❖ 水盾草（莼菜科）
原产于北美洲的水生植物，生长在池塘或河流中。原本是放在鱼缸里的，现在已经野生化。开白色小花。

❖ 粉绿狐尾藻（小二仙草科）
生长在湖泊、池塘、河流等地方，通常形成大型群落。作为观赏植物引入日本，现在已经野生化。开白色圆筒形花，白绿色的叶子轮生。

253

花朵非常可爱

椭圆形的小叶

开出许多粉红色的小花

尖叶长柄山蚂蟥

Hylodesmum podocarpum subsp. *oxyphyllum*
豆科

粉色

生长地　林边、草原
高度　　60~90 厘米
花　期　7~9 月

秋季植物

钩状的毛密集生长在果实表面，可以挂在动物身上，与拉锁的机理相同。

粉色的花朵十分典雅，果实会挂在衣服上

多年生草本植物。复叶，有长叶柄，互生。上方小叶比其下方两侧的小叶大。花很小，蝶形花。当触碰花朵时，雄蕊和雌蕊会从龙骨瓣（下面的船形花瓣）中弹出。因果实的形状像小偷蹑足而行的脚印，所以日语名为"盗人萩"，也有说法是因为附着在衣服上很显眼而得名。

 相似的长柄山蚂蟥，茎中央附近有 4~6 片叶子聚集。

小花密生

叶子顶端尖

茎径直生长，有许多花穗

青葙

Celosia argentea 苋科

粉色

生长地	原野、田边
高　度	40~100 厘米
花　期	7~10 月

秋季植物

粉红色花穗，有层次感，朴素而美丽

起源于美洲热带地区的一年生草本植物，在相对温暖的地区的田野或空地上经常能看到。春季发芽，夏季开花。茎为柱状、直立。叶呈披针形，接近菱形，顶端尖。在茎顶端的长柄上有许多花。花从粉红色到白色都有，从下至上开花，果实呈球形。据说青葙是鸡冠花的原始品种。

相 似 植 物

＊鸡冠花

观赏用一年生草本植物，花序多为肉冠状。在《万叶集》中，有4首诗歌是咏鸡冠花的。

 江户时代引入日本，在《草本图说》（饭沼欲斋著）中有相关记载。

5 片萼片，没有花瓣

大型植物，粗茎直立或斜向上生长

叶子上有白色或浅红色的斑纹

虎杖

Fallopia japonica var. *japonica*　蓼科

 白色

生长地	日照充足的荒地、斜坡
高 度	20~150 厘米
花 期	7~10 月

植株上开满了花，花朵绽放时十分浪漫

　　雌雄异株的多年生草本植物。茎粗而空心。椭圆形叶的顶端为尾状尖头形，基部水平开裂。开白色或浅红色小花，在茎上方形成总状花序。春季出现像竹笋一样的新芽，可作为野菜食用，但由于含有草酸，不可多食。在日本海侧和北海道生长的同属的库页虎杖，其叶子为心形，此为区分两者的关键。

叶柄底部的小凹陷是蜜腺，蚂蚁会吸食蜜汁。除花以外分泌蜜腺的器官被称为花外蜜腺。

 虎杖和库页虎杖是从欧洲或美洲引入日本的，都属于杂草类。

5 片花瓣，呈白色

红紫色的花

在山野中经常能看到的植物

中日老鹳草

Geranium thunbergii　牻牛儿苗科

白色　紫色

生长地	山野间的草地
高　度	30~70 厘米
花　期	7~10 月

果实呈喙状，成熟后分裂成 5 瓣并弹出种子。照片为种子被弹出后的样子。

在古代是非常有名的草药

　　在山野中生长的多年生草本植物。茎在地面上匍匐生长。茎顶部的叶子从基部 3 裂。从叶腋处抽出花茎，长有 2 朵白色或紫红色的花朵。东日本一般以开白花的品种为主，西日本一般以开红紫色花的品种为主。不过最近，在日本关东地区也可以看到关西型的红紫色花。经常被用来治疗拉肚子等胃肠道疾病，煎服饮用立刻见效。

　果实弹出种子后的形状很特别。

强壮的草本植物，多生长在水边

有雄花和雌花

有光泽的果实

薏苡

Coix lacryma-jobi　禾本科

绿色

生长地	水边
高度	100~150 厘米
花期	7~10 月

花序由雄花小穗和雌花小穗组成。雌花小穗的花蕾包裹在苞鞘中，只有花柱露出，而雄花小穗从苞鞘中伸出来开花。果实在苞鞘中成熟。

苞鞘

花柱

雄花小穗

可以用线将果实穿起来，做成串珠

　　生长在水边的大型一年生或多年生草本植物。在热带地区是多年生植物，在温带地区却是一年生植物。茎秆直立，有许多叶子。花序由包裹着雌花小穗的苞鞘、雄花小穗聚集而成。雄花小穗呈绿色，随后脱落。在苞鞘中，会长出有光泽的灰白色椭圆形果实。

将有光泽的果实用线穿起来，做成串珠。

雄花为黄色

雌花在雄花穗的下方

雄花成穗，比雌花先开

豚草

Ambrosia artemisiifolia　菊科

生长地	河岸、草原
高　度	30~120 厘米
花　期	7~10 月

豚草的叶子为深裂叶。与三裂叶豚草（P213）的宽大叶子相比，豚草的叶子更纤细。

是花粉症的致病源

　　原产于北美洲的归化植物，一年生草本植物。茎直立，分枝，有柔软的毛。下部的叶子对生，上部的叶子互生，接近卵形的三角形叶裂成羽状。雌雄同株，许多雄花聚集在茎的顶端，形成细长的穗，雌花被小叶子包围，并附着在雄花的穗状花序基部或细枝顶端。通过风带走大量花粉，易引发花粉症。

英文名为 hog-weed。

中心为黄色的是管状花的集合

美丽的花朵　　　　　　　　叶缘呈粗锯齿状

关东马兰

Aster yomena var. *dentatus*　菊科

紫色

生长地	河岸、田埂
高　度	50~100 厘米
花　期	7~10 月

在日本关东以北地区开花，是野菊的同类

多年生草本植物，通过地下茎增殖。同属的锐齿马兰分布在西日本，但本品种分布在本州（关东以北）。叶子呈长椭圆形，比锐齿马兰的叶子薄，比柚香菊的叶子厚（P261），介于两者之间。花朵直径约为 3 厘米，分枝的茎顶端各长 1 朵花。舌状花呈浅紫色。果实的冠毛约长 0.25 毫米，肉眼几乎不可见。

相 似 植 物

＊锐齿马兰

整体略大于关东马兰。果实的短小冠毛约长 0.5 毫米（圆圈内），通过肉眼很难看到，不能随风飘散。

锐齿马兰的幼芽可以食用，但关东马兰不可食用。

白色或浅紫色的舌状花

叶子的形状变化多端

通过地下茎增殖，经常成片生长

柚香菊

Aster iinumae 菊科

白色

 相 似 植 物

＊白嫁菜

生长在高山或丘陵的森林边缘。
通常不会像柚香菊一样抽出水平
分枝。叶缘呈大锯齿状，并且有
3 条明显的叶脉。

在秋季的原野或明媚的林边绽放的白色花朵

多年生草本植物，通过地下茎增殖。与其他同属植物
的区别在于，横向伸出的茎继续分枝，形状独特。叶子薄、
宽，呈披针形，通常成羽状深裂。枝条的顶端开 1 朵花，
舌状花为白色或偏浅紫色。总苞片排成 3 列，最外面的是
线形。果实的冠毛约长 0.25 毫米，肉眼几乎不可见。

生长地	山间草地、道旁
高 度	40~100 厘米
花 期	8~10 月

 虽然叫柚香菊，但实际上几乎没有气味。

野菊的种类

野菊通常是指有舌状花瓣的菊科植物，外形令人印象深刻，为秋季的田野增添了一抹色彩。虽然人们对野菊都有一个模糊的印象，但却没有明确的定义。以下是一些深受大家喜爱的野菊，其中有一些并不是舌状花。

❖ 野菊

生长在阳光明媚的矮山上。植株高30~60厘米。在日本关西西部山区自然生长的大多数开黄色花朵的菊花都是这个品种。

❖ 东风菜

生长在干燥的草原或山区的路边。植株高 100~150厘米。舌状花为白色。基生叶为卵形，叶柄长，但到了花期就枯萎了。

❖ 卵叶三脉紫菀

生长在山野中。植株高 30~100 厘米，有很多浅紫色的舌状花。叶子粗糙，有长冠毛，利用这两点可以将其与锐齿马兰区分开。

❖ 匙叶紫菀

生长在海岸的岩石上的半灌木。植株高 20~40 厘米。头状花序朝上绽放，舌状花为浅紫色。

❖ 矶菊

生长在海岸和悬崖上。植株高 30~40厘米。黄色头状花序，但没有舌状花。是日本千叶县、神奈川县和静冈县特产。

❖ 甘菊

生长在山区的森林边缘，植株高60~120厘米。因为在菊溪（日本京都府东山）发现，又名菊谷菊。

白色的雌蕊露出来

叶子有光泽

生长在田边

香附子

Cyperus rotundus　莎草科

褐色

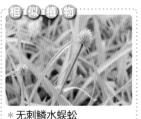
相似植物

＊无刺鳞水蜈蚣

形态与香附子完全不同，但是它们是同类。通常生长在草地、路边和田边，茎顶端有 1 个球形花序。

生长地	河岸、田边
高度	20~40 厘米
花期	7~10 月

在日照充足的砂地生长的莎草类植物

　　多年生草本植物，偏好生长在阳光充足的地方。地下茎细长，横向延伸，顶端有一个小块茎。叶呈线形，细长，茎的顶端有苞片，从苞片间抽枝，枝头上长有 3~8 个红褐色的细长小穗，每个穗上有 20~30 朵花。在海岸边经常能见到。过去，经常被用来制作蓑笠等，是一种十分常见的植物。

在中药中，香附子的块茎被称为香附子，据说对治疗感冒和胃肠道疾病有效。

浅红色的萼，没有花瓣

叶子的基部呈箭形

在水边成片生长，开出米粒大小的花朵，十分醒目

箭头蓼

Persicaria sagittata var. *sibirica* 蓼科

 粉色

生长地	潮湿的草原、水边
高　度	约 100 厘米
花　期	7~10 月

秋季植物

茎有棱角，棱上排列着向下生长的刺。

据说用它的茎能捕捉到鳗鱼

　　生长在湿地上的一年生植物。茎有四棱，沿棱生长着倒刺，向四方张开。叶子细长，为椭圆形，基部扩展成箭形，在茎的顶端开花。在田间，有从 5 月就开始开花的品种，它们也叫箭头蓼。有人认为这两个品种没有区别，因此本书将它们作为同一品种介绍。

 日语里将其称为鳗攫，意思是认为用这种植物茎上的刺可以抓住鳗鱼。

钟形花聚集在一起

球形果实

黄色的茎十分显眼，像拉面一样

原野菟丝子

Cuscuta campestris 旋花科

生长地	草原、海岸
高 度	约 50 厘米（藤蔓长度）
花 期	7~10 月

相似植物

＊金灯藤

日本的本土品种，生长在阳光明媚的山地中。整株为白色，只在茎上有紫褐色的斑点。

从发芽到寄生在其他植物上之前是有根的

原产于北美洲，是一种可以寄生在各种植物上的寄生植物。整体为浅黄色，叶片退化为小鳞片。细细的丝状茎分枝卷曲。由于没有叶绿素，不能进行光合作用，不能自己生产营养，因此要靠寄生根（类似吸盘的根）吸收其他植物的营养来生存。开白色花，花的直径约为 3 毫米。

日语名字为根无蔓，意思是没有根的藤本植物。

舌状花的花瓣很短，几乎看不见

生长在荒地或道旁，植株高大，十分显眼

枝条顶端有棉絮状的种子

苏门白酒草

Erigeron sumatrensis 菊科

黄色

生 长 地	荒地、道旁
高　度	100~180 厘米
花　期	7~10 月

＊小蓬草

原产于北美洲的二年生草本植物，明治初期传入日本。茎上的叶子上有粗毛，可以看到舌状花是小蓬草与苏门白酒草最大的区别。

随处可见的入侵者

大正时代从南美洲引入日本，是越年生或二年生的草本植物。茎上有很多软毛，叶子呈细披针形，两侧都有毛。圆锥形的花序上开着许多不起眼的花朵，花很小，与极短的舌状花包围着浅黄色的管状花，90%的花朵是雌花，研究人员测量得出，平均每株结籽量为 16 万粒，相当庞大。

 日语名字为大荒地野菊，意思是在荒地开花的大型菊科植物。种子可以随风飘散。

其特征是花药为黑色

叶子基部有长毛

在草原上群生

毛花雀稗

Paspalum dilatatum　禾本科

绿色

生长地	草原、道旁
高　度	40~90 厘米
花　期	7~10 月

秋季植物

相 似 植 物

＊雀稗

日本本土植物。可以通过叶子表面的毛和黄色的花药来区分雀稗与毛花雀稗。小穗排成 2 排。

像稗草一样会长出穗，随处可见的禾本科植物

　　原产于北美洲的一种外来品种，是多年生草本植物，通常生长在阳光明媚的草原上。茎秆成束抽出。叶子较宽、呈线形，表面无毛。花穗由 3~4 排小穗组成，顶端尖，边缘有软毛。花药和柱头是接近黑色的深紫色。与相似的本地品种雀稗生长环境相同，但雀稗的叶子表面有茸毛，花药为黄色，柱头为黑色。

小穗中的护颖被比喻成麻雀吃的稗草，因而得名雀稗。

像花瓣一样的部分是花萼

在水边群生，小花的上部为粉色

也有叶子上有斑纹的个体

戟叶蓼

Persicaria thunbergii 蓼科

白色 粉色

生长地　水边
高　度　30~100 厘米
花　期　7~10 月

戟叶蓼的葡匐茎和闭锁花。通过延伸葡匐茎并在茎顶端生根来增殖，长根的节会开出闭锁花并结籽。

为水边增添一抹色彩的蓼科植物

　　生长在潮湿的土地上的一年生草本植物。茎斜立，表面有小刺。叶柄和叶子背面也有刺。叶基呈戟形（叶子的基部向左右突出），中心略有收缩，叶子的样子让人联想到牛头。许多花朵聚集绽放的样子像金平糖，有粉红色和白色的花，花色十分丰富。

 生长在沟渠中，形态与荞麦相似。

萼片为针形，边缘呈细锯齿状

茎上的叶子轮生

散落在草丛中生长

轮叶沙参

Adenophora triphylla var. *japonica*　桔梗科

紫色

* 细叶沙参

轮叶沙参的同类。在日本，生长在本州中部以西、四国和九州地区，花冠顶端稍小，花柱比花朵长。

生长地	高原、山野
高　度	20~100 厘米
花　期	7~11 月

开可爱的浅紫色钟形花

　　在山野中很常见的多年生草本植物，叶片形状变化多端。当切开茎后，会流出乳液。从叶腋处长出轮生的花柄，开出许多浅紫色的吊钟形花。也有人说"山里好吃的植物只有苍术（菊科的多年生草本植物）和轮叶沙参"，幼芽可以作为野菜食用。根干燥后被称为沙参，可入药，有止咳祛痰的效用。

秋季植物

具有药用价值的根可以与人参相提并论。

花朵直径为 10~13 毫米

长花穗上有零星的紫色花朵

基本都为复叶，有许多叶子

鼠尾草

Salvia japonica 唇形科

紫色

相似植物

* 白鼠尾草

很少见的白花品种，经常与紫花品种混在一起生长。

生 长 地　山野的林边、道旁
高　　度　20~80 厘米
花　　期　7~11 月

从夏末到晚秋花朵长期绽放

常在森林边缘或山路旁出现的多年生草本植物。开浅紫色或蓝紫色花，内部有环形毛。只有 2 枚雄蕊。在开花时，雄蕊略微斜向上伸出花朵，但当撒出花粉后，就会向下弯曲并远离雌蕊。之后，雌蕊打开准备授粉。这是一种防止自花授粉的机制。

拉丁语属名的意思为健康，该属中具有很多具有药用价值的植物。

270

长着像胡子一样的雌蕊

叶呈宽线形，叶缘呈波浪状

群生，随处可见

升马唐

Digitaria ciliaris 禾本科

绿色

生长地	田边、道旁
高　度	10~50 厘米
花　期	7~11 月

外表纤细，其实是十分强健的杂草

　　即使不知道它的名字，只要看一眼就能认出。升马唐是一种很受欢迎的一年生草本植物。和相似的牛筋草相比，个头较小且纤细。有 3~8 个花序，有禾本科特有的小穗，成熟后种子会随风飞散，传播极广。

相 似 植 物

＊牛筋草

又叫蟋蟀草。生长环境和升马唐一样的一年生草本植物。比升马唐更健壮，小穗厚实。

5 月开始发芽，容易在翻好土的地方密集生长。

易被忽视的小花

缠绕着其他植物生长，圆圈内是果实

4 片叶子中有 2 片是托叶

东南茜草

Rubia argyi　茜草科

 白色

生长地	草原、林边
高　度	100~300 厘米
花　期	8~9 月

秋季植物

根为橙黄色，干燥后会变成暗红紫色，又叫茜根，在过去是染料。

茜草的根在过去是染色的材料

多年生的藤本植物。茎有 4 个棱，横切面为方形。棱上有朝下的刺，可以攀绕其他植物。叶子有长柄，是接近圆形的三角形叶，轮生的 4 片叶子中有 2 片是托叶（伪轮生）。枝条和花序从真叶的基部抽出。开偏浅黄的白花。果实成熟后变黑。

 从古时就被熟知的植物，《万叶集》里有许多咏茜草的诗歌。

假雄蕊的中央是雌蕊

叶子顶端尖

圆茎，直立生长，茎上有黄色的花

田麻

Corchoropsis crenata　锦葵科

生长地　田边、道旁
高　度　30~60 厘米
花　期　8~9 月

果实长约 3 厘米，略微弯曲，表面上
有星形毛（圆圈内），成熟后会纵向
裂成 3 瓣。

日语名字十分有趣，叫乌鸦的芝麻

　　生长在田边或道旁的一年生草本植物，整株植物都有星形毛（从一个地方冒出来几根毛，看上去像星星）。叶呈卵形，叶缘呈钝锯齿状。从叶腋处长出 1 朵黄色的花，花萼为细长的椭圆形并向后弯曲。花有 5 枚被称为假雄蕊的细长的笔直延伸的突起，真正的雄蕊很短，在假雄蕊的基部，有约 10 枚真正的雄蕊。

秋季植物

比芝麻要小得多，所以叫乌鸦的芝麻。

花朵绽放的姿态像在跳舞

在森林边经常能见到的藤蔓植物

果实直径约为 8 毫米

白英

Solanum lyratum　茄科

白色

生长地	丘陵、林边
高　度	100~400 厘米（藤蔓长度）
花　期	8~9 月

茎上的叶子被密生的腺毛覆盖，因此
触感柔软。与其他植物纠缠在一起生
长的是叶柄而不是茎。

花朵十分可爱，在太阳下红色的果实十分美丽

多年生的藤本植物，整个植物上密集生长着柔软的腺毛。椭圆形叶，3~5 裂。花序长在节间，而不是在叶柄的基部。开白色花，花冠为 5 深裂，开花后向后弯曲。果实成熟后变成鲜红色，看起来非常美丽美味，但是其中含有茄碱，因此不能食用。

 日语名字为鹎上户，意思是鹎喜欢吃的果实。

蝶形小花

叶子的基部有长托叶

隐约出现在其他植物中，十分不起眼

鸡眼草

Kummerowia striata 豆科

 紫色

生长地	河岸、原野、道旁
高 度	10~30 厘米
花 期	8~9 月

箭尾

连接箭杆的部分被称为箭尾，也就是箭头的另一侧。

悄悄生长的小型豆科植物

生长在阳光明媚的荒野或路边的一年生草本植物。茎上密生着朝下生长的白毛。从叶腋处长出 1~6 朵紫红色的花朵。除了绽放的花朵，也有闭锁花。小叶的侧脉长达叶片的边缘，抓住叶子的顶端拉扯，就可以将其撕下来，撕裂断口呈箭尾状。相似的长萼鸡眼草和鸡眼草不同，其茎上的毛是朝上生长的。

 英语名为 Japnese clover，进入日本后一直被当作牧草。

雄花上的雄蕊为圆形

叶子是歪的心形

雄花在花序上部，雌花在下部

秋海棠

Begonia grandis 秋海棠科

 粉色

生长地	潮湿的林边、道旁
高　度	40~60 厘米
花　期	8~9 月

幼果。在雌花凋谢后变成褐色就成熟了。果实呈椭圆形，有 3 个翅。秋海棠可以通过珠芽和种子繁殖。

秋季开出美丽的粉色花，
叶子的形状十分有个性

从中国传来的多年生草本植物，观赏植物。现在已经野生化。生长在潮湿阴暗的地方。开粉红色花，有雄花和雌花。在秋季，从叶腋处长出珠芽，掉落到地面上就能长成新株。因含有大量草酸并具有杀菌作用，曾经被用来治疗皮肤病。因在秋季盛开，花朵颜色酷似海棠（蔷薇科）而得名。

 绽放的花朵像供奉在佛坛前的璎珞。

花朵顶端细长而尖

叶子的表面有毛

植株在地上匍匐生长，顺着栅栏往上爬

绞股蓝

Gynostemma pentaphyllum 葫芦科

绿色

生长地　林边、灌木丛
高　度　400~500 厘米（藤蔓长度）
花　期　8~9 月

果实为球形，呈黑绿色。果实顶端有像头箍一样的线，是花萼和花冠掉落后的痕迹。

作为甜茶曾经盛极一时

雌雄异株的多年生草本攀缘植物。从叶子的基部长出卷须，与其他植物缠绕在一起。复叶有 5 片小叶，像鸟爪一样。开浅黄绿色花，花朵直径约为 5 毫米。冬季地上部分枯萎，但地下茎的顶端膨胀并形成冬芽。当咀嚼生叶时，能感到淡淡的甜味，茎上的叶子含有与人参相同的成分，因此一度非常受欢迎。

 日语名字是甘茶蔓，源自花祭（佛诞日）使用的甜茶。

277

上方的花瓣长，十分醒目

果实和大豆比较相似

缠绕在其他植物上，并覆盖其上

野大豆

Glycine max subsp. *soja*　豆科

紫色

生长地	田野、道旁
高　度	约 300 厘米（藤蔓长度）
花　期	8~9 月

秋季植物

相·似·植·物

＊大豆

原产于中国的一年生草本植物，嫩果就是毛豆。茎直立，有些茎的顶部呈藤蔓状。整株都有浓密的棕色软毛。

大豆的原种，豆粒比较小

一年生藤本植物，生长在平坦的日照充足的田野或道旁。茎上有朝下生长的棕色粗毛。复叶由 3 片小叶组成。从叶腋处抽出花序，上面有 3~4 朵浅红紫色的蝶形花。果实与大豆相似，呈长椭圆形，有浓密的棕色毛。果实里有 2~3 粒种子，种子是扁平椭圆形、黑色。

 学名中使用的 *soja*，意思与酱油相关。

278

开许多蝶形花

果实里有 2~4 粒种子

生长在日照充足的地方

两型豆

Amphicarpaea edgeworthii 豆科

紫色

生长地　田野、森林、道旁
高　度　约 200 厘米（藤蔓长度）
花　期　8~10 月

伸长的地下茎顶端也能结果。这些被
称为地中果，比地面上的果实大，内
有 1 粒浅棕色的膨大圆形种子。

  地中果是日本阿伊努人经常吃的食物。

像灌木一样生长茂盛

　　一年生缠绕草本植物。茎和花柄上有朝下生长的白色
或棕褐色的毛。叶子由 3 片小叶组成，顶端小叶为卵形，
左右小叶稍小。花朵的旗瓣为紫色，翅瓣和龙骨瓣几乎是
白色，整朵花看起来为浅紫色。花有 4 种类型：开放花、
地面上的闭锁花、由地上茎进入地下并在地下开放的花和
地下的闭锁花。地上和地下的闭锁花会结果。

有许多花

有黑色光泽的种子

有些个体可长成大株

阔叶山麦冬

Liriope muscari 天门冬科

紫色

相似植物

* 矮小山麦冬

生长在草原上，浅紫色的小花朝上绽放。植株高度不足20厘米，比阔叶山麦冬小得多。分布于日本各地。

生长地	林中
高 度	30~50 厘米
花 期	8~10 月

在林中经常能看到，庭院和公园都有种植

生长在森林中的多年生常绿植物。线形叶，深绿色，厚而有光泽。在灌木丛中开花，其叶子的形状像兰花的叶子。穗状花序上长有几朵浅紫色的小花。种子看起来像果实，球形，黑色且有光泽。2~4 粒种子结成团，每个子房内有 1 粒种子。

 块根膨大成纺锤形，可以贮藏糖和叶酸，干燥后可入药。

花被片卷曲

红色的果实是前一年的花结出的

地下茎长，从各个地方都能冒出根增殖，一般成片生长

吉祥草

Reineckea carnea　天门冬科

粉色

生长地	林中
高　度	10~30 厘米
花　期	9~10 月

＊黑沿阶草

比起沿阶草（麦冬），它的叶子的形状更酷似吉祥草，并不群生。两性花是白色的。

相｜似｜植｜物

名为"吉祥"，能给人带来幸福的花

多年生草本植物，一年四季都可以看到它的绿叶。深绿色的线形叶，从基部抽出。茎高 8~13 厘米，上面长有粉红色花朵。雄花开在花茎的上部，两性花开在花茎的下部。花被片为肉质，雄蕊突出。自江户时代以来，圆圆的红色果实就被视为幸运符号，与朱砂根和紫金牛一样，被认为可以带来繁荣和好运。

秋季植物

中国有个传说，吉祥花开花总有好事。

雌花为球形，聚集在一起

植株直立，十分显眼

叶子上部呈粗锯齿状

野线麻

Boehmeria japonica var. *longispica*　荨麻科

 白色

生长地	林边、林中
高度	80~120 厘米
花期	8~10 月

有健壮的大叶子和长花穗

　　多年生大型草本植物，又叫大叶苎麻。茎直立，不分枝，从根部生长出多根茎。茎和叶子背面都有许多短毛。叶子接近三角形，稍厚，顶端呈尖锯齿状。通常，雌花穗（雌花序）长在花茎的上部，雄性花穗（雄花序）长在花茎的下部。有许多杂交品种，难以区分鉴定。

相似植物

＊悬铃叶苎麻

生长在山脚下的森林中。叶呈圆形，叶缘呈细锯齿状，多数叶子的叶尖浅裂成 3 部分。叶片比野线麻薄，花序也更细。

 与生长在灌木丛中用来采纤维的苎麻（P214）很像。

花序的上部是雄花

雌花比雄花先开

比起叶子上部的裂片部分，下部 2 个裂片长、顶端尖

野慈姑

Sagittaria trifolia 泽泻科

 白色

生长地	浅池、水田
高 度	20~80 厘米
花 期	8~10 月

由许多果实聚集而成的聚合果。每个果实周围都有翅，可以漂浮在水面上。

像人脸一样的叶子，十分显眼

　　生长在水田、浅池或湿地中的多年生草本植物。地下有匍匐茎，顶端有小球茎，可用来增殖。幼苗的叶子在水中为线形，长成的叶子有长柄且直立，从水中露出。3 朵白花围成一圈长在花茎上。叶子从基部一分为二，为箭形。伸长的叶柄上的叶子看起来像人脸。

秋季植物

 在日本，旧时野慈姑的叶子的形状被用作家纹。它也是歌舞伎世家"泽泻屋"的传统徽纹。

菱形花，花药为暗紫色

很有秋季风情的植物，经常用来做切花

叶子边缘呈粗锯齿状

地榆

Sanguisorba officinalis 蔷薇科

红色

生长地	丘陵、草原
高度	30~100 厘米
花期	8~10 月

雨后，从叶脉顶端排出多余的水。这种现象被称为吐水，有些品种非常明显。

秋季草原上像在跳舞一般摇曳的花朵

　　日语名字的意思是日本的木香（一种有芳香气味的菊科植物）。生长在丘陵和山地草原上多年生草本植物。羽状复叶，互生，有 9~13 片细长的椭圆形小叶。许多没有花瓣的暗红色花朵形成穗状花序，长在分枝的茎顶端。花穗上的花朵自上而下盛开，花萼分成 4 片。

 地下茎干燥后就是中药地榆，具有止血的功效。

雄花紧贴着花序

雌花被苞片包围

雄花的雄蕊为浅红色，花朵整体看起来都是红色的

铁苋菜

Acalypha australis　大戟科

红色

生长地	田边、道旁
高　度	20~40 厘米
花　期	8~10 月

看起来非常像朴树的叶子

在雄花的花穗顶端结的幼果。顶端的雄花花序中间混有两性花，果实也就是这样结出来的。

　　铁苋菜又叫榎草，是生长在道旁或田边的一年生草本植物，有时会潜入花盆生长。长椭圆形叶和大麻科的朴树叶子的外形很像。从叶腋处长出的花序上部是雄花花穗，两性花混在其中。雄花很小，花萼和花瓣没有区别，雌花被包裹在圆形的苞片中，雌蕊像红毛一样伸展出来。

 包裹雌花的苞片的形状像编织的斗笠。

285

头状花序在枝头绽放

生长在明媚的林地或林边，单独或数棵生长在一起

叶缘呈现尖锯齿状

多须公

Eupatorium makinoi　菊科

生长地	草原、林地
高　度	30~160 厘米
花　期	8~10 月

迁徙蝴蝶大绢斑蝶最喜欢的植物之一

　　生长在明媚林地上的多年生草本植物。茎上的叶子对生。叶子为细长的椭圆形，与同类白头婆（P237）十分相似。然而，白头婆的叶子深裂成 3 部分，但本品种却没有。开白色或浅粉红色花，几乎没有香气。日语名为鹎花，意思是当鹎鸣叫时花朵绽放，或是指叶子形状像鹎的翅膀。

叶子上有黄色斑纹，这是由世界上最古老的植物病毒双生病毒引起的病变。

 有叶子呈 3~4 片轮生，生长在高原地区的品种 *Eupatorium glehnii*，在日本又叫四叶泽兰。

雄蕊和雌蕊合为一体，看上去只有1枚

叶子表面无毛

花瓣为浅紫色，有深红色的脉络

锦葵

Malva mauritiana 锦葵科

 紫色

生长地	空地、道旁
高 度	60~150 厘米
花 期	8~10 月

在酷热的季节里，紫色的花朵陆续绽放

原产于欧洲的越年生草本植物，用于观赏，现在已经野生化。叶子有长柄，呈圆形且浅裂成 5~9 片，叶缘呈尖锯齿状。枝条从茎的基部抽出，抽出的第 1 根枝条较长，而随后抽出的枝条不会比下面的枝条长。从叶腋处长出 10 朵花。锦葵科的一个特征是，一半的芽右旋，一半是左旋。

幼果，果实有 10~11 个分果，像蜂巢。

 花的形状像钱币，所以又称为钱葵。

在道旁或绿化地群生，茎都是从一个地方长出来的

小穗的顶端尖

顺序结籽，然后掉落

秋
季
植
物

具芒碎米莎草

Cyperus microiria　莎草科

黄色

生长地　田边、道旁
高　度　30~40 厘米
花　期　8~10 月

相似植物

＊碎米莎草

在田间或道旁生长的一年生草本植物。花序的分枝比具芒碎米莎草多，进入结籽期后，顶端开始垂下。

绿色和褐色的朴素配色，不过外形华丽

　　一年生草本植物，外观独特。三棱形茎，基部有 1~3 片叶子。茎的顶端有 3~4 个细长的苞片，从苞片之间抽出 3~10 个不同长度的分枝，分枝上有许多小穗。这些穗的顶端又分成 3 枝，形成带有黄色小穗的复杂形状。捏住茎两端将其撕开一直到中间位置，可以形成一个四边形，形状就像蚊帐，所以日语名为蚊帐吊草。

古埃及使用的莎草纸的原材料就是和具芒碎米莎草同属的纸莎草。

野茼蒿

Crassocephalum crepidioides 菊科

生长地　田边、采伐地、山火烧过的地方
高　度　50~120 厘米
花　期　8~10 月

红砖头色的花朵垂头绽放

　　气味类似茼蒿的一年生草本植物，原产于非洲，第二次世界大战结束后不久引入日本。是首先在裸地（如采伐地）上生长的先锋植物。叶子薄，呈深绿色、细长椭圆形，两面都有毛。头状花序中没有舌状花，只有管状花。

 花朵为红色，冠毛像破布一样。

梁子菜

Erechtites hieraciifolius 菊科

生长地　采伐地、空地
高　度　30~150 厘米
花　期　9~10 月

原产于北美洲的先锋植物

　　原产于北美洲的大型归化植物，是一年生草本植物。茎直立，在顶部分枝。叶子呈披针形，柔软，没有叶柄，抱茎互生。叶子和茎上几乎没有毛。花序为圆锥形，花由管状花组成，花冠为浅黄色。

秋季植物

　在日本爱知县的段户山首次发现，花朵很像欧洲千里光（P140）。

花朵斜向上绽放

叶子基部抱茎

茎稍微有些倾斜，不过植株基本是直立生长的

硬毛油点草

Tricyrtis hirta 百合科

紫色

生长地	山地的林边
高 度	40~80 厘米
花 期	8~10 月

相 似 植 物

* 台湾油点草

原产于中国台湾省的归化植物，观赏植物，现在已经野生化。花被片为粉红色，上面有洋红色的斑点。通过地下茎增殖。

花朵形状十分有个性，是庭院中的常见植物

生长在阳光不强烈的地方，如山区森林边缘的多年生草本植物。整株上有斜向上生长的毛，椭圆形的叶子的两面都有毛，质感柔软。叶子的基部为圆形，抱茎。从叶腋处长出 2~3 朵花，花被片为白色，上面有许多紫色斑点。雌蕊有 3 个分枝，雄蕊的上部弯曲，有 T 形的花药。

花上的紫色斑点，像杜鹃鸟的羽毛。

花朵内侧有紫色斑点

果实为圆柱形，两端尖

在山麓的湿地中成片生长的一年生草本植物

野凤仙花

Impatiens textorii　凤仙花科

红色

＊水金凤

生长在山中湿地中。叶子呈卵形，顶端为圆形，边缘呈锯齿状。开黄色花，距向下弯曲。

生长地	水边
高　度	50~80 厘米
花　期	8~10 月

酷似小船的花朵挂在枝头

　　通过细柄悬挂的洋红色花朵看起来像帆船，所以日语名为吊舟草。花有 3 片萼片和 3 片花瓣，上面长着毛。背面的凸出部分是花萼，呈旋涡状。叶子是接近菱形的椭圆形，叶缘呈锯齿状。触摸成熟的果实时，会弹出种子。

 有花上没有毛的个体。

可爱的白色花

通过匍匐茎增殖

从侧面看，花朵水平绽放

白花败酱（攀倒甑）

Patrinia villosa　忍冬科

生长地　山地中的草地、林道边、林中
高　度　60~100 厘米
花　期　8~10 月

 白色

幼果。果实为椭圆形，被周围的圆形翅包围，成熟后可随风飞散。

白米粒一样的花朵

通常在阳光明媚的山脉中出现。茎直立，叶子呈羽状分裂。茎的顶端分枝，并长有许多小白花。尽管是多年生草本植物，但开花需要很多年，开花后植株就会枯萎。比败酱的茎更粗，叶子更厚，毛更多，给人男性的阳刚气息，所以日语里被命名为男郎花。

 当作切花使用时，会在水中残留恶臭味，因此叫败酱。

花柄、雄蕊、雌蕊全为黄色

叶子呈羽状分裂

茎直立，花有臭味

败酱

Patrinia scabiosifolia　忍冬科

生 长 地	山间草地
高　度	60~100 厘米
花　期	8~10 月

* *Patrinia x hybrida*

败酱和白花败酱的杂交种，白色和黄色的花混杂。和白花败酱一样，果实有翅。

当草原染上一抹黄色，就意味着秋季到来

生长在阳光明媚的草地上的多年生草本植物。地下茎匍匐生长，在植株附近长出新的幼苗。在茎尖上有许多小花，水平绽放，又叫黄花龙芽。日语名意为女郎花，与男郎花（白花败酱）相对，还有一种说法是，在日本，白米饭被称为男人饭，而败酱聚在一起绽放的黄色小花像粟米，粟米被称为女人饭，女郎花的名字由此而来。

在万叶时代为人们所熟知，经常有诗歌咏它。是日本家喻户晓的秋季七草之一。

花冠的上下唇瓣分开

叶呈卵形，两端尖

苞片长度和花萼相同，花穗看起来很拥挤

爵床

Justicia procumbens var. *procumbens*　爵床科

粉色

生长地	道旁、林边
高　度	10~40 厘米
花　期	8~10 月

秋季植物

九头狮子草

和爵床同一时期开花，也属爵床科。开唇形花，花冠为浅红紫色。生长在森林边缘等阴暗处，花色在一片绿色中尤为突出。

小但引人注目的浅粉红色花朵

　　一年生草本植物，从茎的基部横向长出许多分枝。叶子对生，花朵紧紧地附着在枝条的顶端，看起来像花穗。开浅洋红色唇形花，一般是白色的上唇瓣，顶端一分为二，下唇瓣的浅洋红色中带有白色斑纹，被一分为三。与山萝花（列当科）相似，整株长着密毛。

在日本冲绳地区有一种叶子较厚的变种。

294

看起来像花瓣的是萼片

叶子上有八字形的斑纹

花稀疏地分布在茎上

金线草

Persicaria filiformis 蓼科

红色

生长地　林边、林中
高　度　40~80 厘米
花　期　8~10 月

秋季植物

相似植物

*短毛金线草

看起来和金线草很像，不过茎中空（金线草为实心）。叶子通常没有毛，非常光滑，顶端尖，没有八字形斑纹。

龙牙草在日语里称为金水引，金线草酷似龙牙草，所以被称为水引

　　通常在树下或林边出现的多年生草本植物。茎直立且坚硬，结节膨胀且分枝稀疏。椭圆形的叶子每隔一段间隔互生。叶子的两面都有白毛，顶端短而尖。通常在叶子表面有八字形的斑纹，但有些个体没有。花的裂片为卵形，上面的是红色，下面的颜色较浅。本种还有白花品种。

 花朵分为红白两色，在日语中叫水引。

花上有长毛

种子有黑色光泽

如果生长地的水混浊，就会生出芦苇

芦苇

Phragmites australis　禾本科

 紫色

相·似·植·物

＊日本苇

生长在河岸上。比芦苇稍小，并且从茎秆的基部长出很长的匍匐茎，结节上长有长长的白毛。

在湿地群生的大型禾本科植物

有芦根、芦芽、芦柴等别名，多年生大型草本植物，生长在沼泽中，直径约为 2 厘米的地下茎在地下匍匐生长，然后抽出直立茎秆。叶呈长披针形，约 50 厘米长，互生。许多浅紫色的花聚集在茎秆的顶端，形成穗。从远古时代起，就被用来制作乐器筚篥和笙。

 现在仍被用来制作苇帘（用芦苇秆制成的帘子）和茅草屋顶。

拟高粱

Sorghum propinquum　禾本科

红色

生长地	田边、道旁
高度	100~180 厘米
花期	8~10 月

在道路旁群生，初秋会抽穗

　　地中海沿岸的多年生草本植物。匍匐茎向侧面匍匐并成片生长。线形叶，在未抽穗之前，很像芒（P306），只是叶子边缘不粗糙。有圆锥形的穗，并花柄顶端有偏红色的穗。

 1943 年在日本千叶县采集，最初为牧草，后来野生化。

黄背草

Themeda barbata　禾本科

绿色

生长地	丘陵间的草地
高度	70~100 厘米
花期	9~10 月

大型禾本科植物，粗芒的外形很有特点

　　生长在高山草甸上的多年生草本植物，又名菅草。茎秆直立。线形叶，叶子长，每个叶腋出长有 6 个小穗，其中只有 1 个是两性花穗，其余都是雄花穗。两性花小穗为棕色，有长芒，但雄花小穗没有。

 与相似的橘草相比，黄背草看起来更粗壮。

秋季植物

297

楚楚可怜的小花

生长在日照充足的草原上，有少许乔木的感觉

小豆子一样的果实

截叶铁扫帚

Lespedeza cuneata 豆科

白色

生长地	草地、道旁
高　度	60~100 厘米
花　期	8~10 月

 相似植物

* *Lespedeza cuneata* var. *serpens*

在日本又叫这蓍荻。茎在地面匍匐，有毛。整个旗瓣和其他花瓣的顶端偏紫色。

像倒立的扫帚一样径直生长

通常在平地和低山上出现的多年生草本植物。茎直立生长且经常分枝。线形叶的基部呈楔形，是由 3 片小叶组成的复叶，这些小叶紧紧地粘在茎上，之间没有任何间隙。在叶腋处长有 2~4 朵几乎是白色的蝶形花，在旗瓣的中央有洋红色的斑点。在日本古代，经常用截叶铁扫帚的茎制作算命用的签子。

 在日本，算命签子如果不是竹制的，一般都被称为蓍。

花冠没有裂到基部

果实为球形，没有光泽

花长在茎之间，叶子是卵形的

龙葵

Solanum nigrum　茄科

 白色

*美洲龙葵

原产于北美洲的一年生草本植物。窄叶，从一处长出 1~4 个花柄。花冠是浅紫色或白色，裂瓣越到基部附近越窄。

生长地	田边、道旁
高　度	20~60 厘米
花　期	8~10 月

花朵像茄子的花，黑色的成熟果实不能食用

　　一年生的史前归化草本植物，多生长在道旁。有许多相似的同类，很难区分。该品种的特征是直径为 8~12 毫米的白色花朵的花冠没有裂到基部，在花冠裂片的基部有三角形的黄绿色斑纹。成熟的果实是黑色的，没有光泽，压碎后会有紫色汁液流出。

 叶子与酸浆的叶子相似，不过不如其好看。

开五角形花，中央为黄色

果实朝下

花朵美艳，但有时会变成害草

橙红茑萝

Ipomoea coccinea 旋花科

红色

生长地　道旁
高　度　100~300 厘米（藤蔓长度）
花　期　8~10 月

 相1似1植1物

* 槭叶茑萝

羽叶茑萝和橙红茑萝的杂交品种。叶为掌状深裂，长有鲜红色的漏斗形花。

缠绕着道旁栅栏的红色花朵

　　原产于美洲热带地区的一年生草本植物。叶子呈卵形，顶端尖，基部为心形，基部左右两侧略微延展。从叶腋处生出花序，长出 2~5 朵朱红色的花。果实为球形，内含 4 粒种子，成熟后会变黑。藤蔓细长，仿佛很容易断掉。但如果生长在玉米田中，会缠绕玉米秆，让其叶子不能展开，最终导致玉米产量下降。

 江户时代就已经作为观赏植物在日本种植了。

小穗有光泽

细长的线形叶

群生，小穗随着风摇摆，一派秋景

知风草

Eragrostis ferruginea　禾本科

紫色

生长地	草原、道旁
高度	20~40 厘米
花期	8~10 月

—— 这里是关节

特征是叶鞘上有长毛和小穗柄上有突起。

可以从小穗的外观辨别

　　在路边或草原上生长的大型多年生草本植物。没有匍匐茎。叶子呈线形，顶端尖，在基部扭曲并翻转。叶鞘边缘生长着细密的毛。花序水平分枝，呈圆锥形，上面聚集着许多红紫色的小穗。小穗扁平，在叶柄的中部有突起（关节）。穗随风摇摆，所以被命名为知风草。

秋季植物

同属禾本科的箱根草，在日本的别称为风知草。

群生，花穗径直生长，十分显眼

像白刷子一样的雌蕊

叶子的顶端尖

求米草

Oplismenus undulatifolius 禾本科

生长地	林中、林边
高 度	10~30 厘米
花 期	8~10 月

相似植物

＊求米草（原变种）

各种求米草的外形稍有差异，有整株都有毛的求米草（原变种），也有几乎没有毛的日本求米草。

叶子像皱的小竹叶

　　一年生草本植物，茎秆从基部伸出并在地面匍匐生长、分枝，然后斜立生长。叶子呈宽披针形，表面略呈波浪状。从直立的茎秆上抽出短枝，密密生长着绿色的小穗，小穗长约 3 毫米，有芒。在深秋，从芒表面分泌出黏液，可粘在动物身上，让种子（果实）被带走。黏黏的果实有轻微的气味。

叶子很像小竹叶，但看起来有点皱。

浅紫色的舌状花

叶呈长椭圆形，叶缘呈锯齿状

植株高，花朵绽放后更容易区分品种

紫苑

Aster tataricus 菊科

紫色

生长地　　草原
高　度　　100~200 厘米
花　期　　8~10 月

冠毛是脏白色或偏红，长度一般为 6 毫米左右，不过也有例外。

现在已经作为观赏植物种植，原本为野生品种

　　生长在高山草甸上的多年生草本植物。基生叶大且有长柄，在开花期枯萎。茎上的叶子越往上越小，叶柄也随之变小。直立茎的顶端分枝，长着许多直径为 2~3 厘米的头状花序，总苞为半球形并堆叠成 3 层。名字的起源有人说是因为根偏紫色。全草入药，药名也叫紫苑。

 平安时代已经成为观赏植物，现在灭绝的风险不断增加。

浅紫色的唇形花

叶缘呈尖锐的锯齿状

因为地下茎增殖，所以一般都成片生长

薄荷

Mentha canadensis 唇形科

紫色

＊圆叶薄荷

原产于欧洲，自明治时代以来一直是香料植物。叶子表面有明显褶皱，并且密布着白色茸毛。

生长地	草地、湿地
高　度	20~50 厘米
花　期	8~10 月

有强烈香气，且有存在感的药用植物

生长在潮湿地方的多年生草本植物，气味浓郁。是一种药用植物。茎为四棱形，直立生长，在叶子和花萼上有毛。叶呈细长椭圆形，顶端尖。叶子的背面有油斑（储存精油的组织），气味就是从这里散发出来的。从叶子中提取的薄荷油可以用作香料、提神剂或其他医用药物等。花聚集在植株上部的叶腋处，呈球形。

 日语名字来源于汉语"薄荷"的日语发音。

雌花在雄花下方

刺会挂在动物身上

1929 年在日本冈山县发现，现在各地都能看到

西方苍耳

Xanthium occidentale 菊科

 绿色

生长地	荒地、草原、道旁
高　度	50~200 厘米
花　期	8~10 月

相似植物

＊苍耳

果实比西方苍耳大，并且有更多的刺。其特征还有刺球表面上及刺上有细毛。

果实会黏在衣服上传播

　　原产于墨西哥的一年生归化植物。茎有硬毛，通常有黑紫色斑点。叶子呈椭圆形并一分为三，叶缘呈锯齿状。在茎的顶端有黄白色的雄花，在叶腋处有浅绿色的雌花。包裹果实的刺球为椭圆形，刺密集生长、顶端弯曲，刺球中有 2 个果实，但只有较大的一个能够发芽。

 在日本，本土品种苍耳已经被这种外来品种取代，现在已经基本看不到了。

雄蕊随风飘荡，会散播花粉

叶子从根部抽出，经常一大片群生　　叶子的中央有白色脉络，十分醒目

芒

Miscanthus sinensis　禾本科

生长地	山野
高　度	100~200 厘米
花　期	8~10 月

围绕茎秆的管状鞘被称为叶鞘，在其顶端生长的薄膜被称为叶舌，芒的叶舌边缘有毛，这是其特征之一。八丈薄没有毛。

日本秋季七草之一

　　在日本各地山间随处可见的多年生草本植物，经常出现在有人迹的地方，如伐木场。夏季郁郁葱葱，秋季地上部分枯萎。叶子呈线形，叶缘粗糙。有花叶、细叶等多个品种，也是一种观赏植物。有一种生长在海岸边的相似植物八丈薄，四季常青，但它的叶缘并不粗糙。

　又名芒草、薄等。

银白色的毛从基部长出

叶子表面有白筋，要注意叶缘有绿色的刺

花穗的毛十分柔软，随风飘摇

荻

Miscanthus sacchariflorus　禾本科

黄色

生 长 地	水边
高　　度	200 厘米以上
花　　期	9~10 月

随风摇曳的银白色花穗，从远处看就知道是荻

　　在水边成簇生长的大型多年生草本植物。比芒大，不直立，地下茎延伸，成簇生长。茎秆一根根稀疏地立着。叶子细长，花期时茎下部的叶子会枯死。茎秆尖的穗状花序比芒的大，穗状花序的分枝也很密实。小穗没有芒，基部的毛是小穗的 3~4 倍长。

荻的叶舌上有细小的毛成排生长。

荻的茎秆是实心的，而同样长在水边的芦苇的茎秆是空心的。

开非常小的花

卵形叶的顶端尖

沿着墙根或石墙生长

何首乌

Fallopia multiflora 蓼科

 白色

生长地　墙根、道旁
高　度　100~200 厘米（藤蔓长度）
花　期　8~10 月

秋季植物

在花期结束后，外侧的 3 片萼片变大
并发育成翅，包裹着果实。与虎杖
（P256）的果实非常相似。

如果环境适宜，可以通过藤蔓长成一大片

　　原产于中国的多年生草本植物，江户时代作为药用植物引入日本。块茎（储存营养膨大的根茎）是中药。茎的基部是木质的，直径可以超过 1 厘米。开白色花或偏红色花，小花簇生成圆锥状，无花瓣，有 5 片裂开的萼片。

 和蕺菜的叶子相似，但却是藤蔓植物。

花柄呈放射状

叶缘呈锯齿状

大花序，有很多白色的小花

毛当归（家独活）

Angelica pubescens 伞形科

白色

生长地　山间草地
高　度　100~200 厘米
花　期　8~11 月

有许多扁平的椭圆形果实，果实两侧
有翅，一般为绿色，有时也会偏紫色。

在明媚的草地上，以山和天空为背景的美丽的山之草

　　生长在山间草地的大型多年生草本植物。开花结果后就会枯萎，是一次性繁殖型植物。茎高、直、空心，叶子上有细毛。叶子像羽毛一样展开，并长有细长的椭圆形小叶。叶柄的基部膨胀变成囊状，抱茎。从上面看，花序像烟花一样绽放开来，其特征之一是花柄基部没有苞片。

秋季植物

 长得像食用当归（独活），但其实坚硬不可食，因此在日语中叫猪独活，意思是野猪才能啃得动的当归。

309

刚毛十分醒目

花穗飘摇，可以用来逗猫

叶子上没有毛

狗尾草

Setaria viridis var. *minor* 　禾本科

绿色

生长地	草原、田边、道旁
高　度	20~70 厘米
花　期	8~11 月

秋季植物

狗尾草　　　　大狗尾草

狗尾草的小花上部有护颖，而大狗尾草的小花暴露，利用这一点可以区分两者。

人尽皆知的草本植物

　　一年生草本植物，因其独特的穗而广为人知。披针形叶，从叶基部扭曲并翻转，正面朝下。茎秆尖有长 6~9 厘米的柱状花序。花穗为绿色，有约长 2 毫米左右的小穗紧贴其上，小穗的基部有长长的刚毛，摸起来很蓬松。刚毛为紫红色的品种被称为紫狗尾（P311）。

 其名字的意思是，花穗像狗尾一样。

310

狗尾草的种类

狗尾草是一种随处可见的野草，很多人从小就认识它们。世界上大约有 100 种狗尾草，日本有 7 种。梁和粟也属于这一类。

❖ **大狗尾草**

大型狗尾草。一般叶子的表面有毛。小穗顶端下垂，不过小花并不像狗尾草那么密集。

❖ **金色狗尾草**

刚毛为金黄色。小花的上部露出，表面有细小的横褶。特别是果实成熟后，一望便知。

❖ **厚穗狗尾草**

生长于海岸的狗尾草。植株不高，在地上匍匐生长。花序短小，直立。刚毛长而密集。

❖ **紫狗尾**

狗尾草的一种，但比狗尾草纤细，花穗上的刚毛为紫红色。

成片生长，十分壮观

雄蕊花粉随风飘散

种子随毛一起飘散

狼尾草

Pennisetum alopecuroides　禾本科

褐色

生长地	草原、道旁
高　度	30~80 厘米
花　期	8~11 月

逆光下的花穗有一种神秘的美感

　　强壮的大型多年生草本植物。线形叶从植株基部抽出，呈深绿色。茎尖有牙刷状的柱状花序，上面排列着深紫色的小穗。花穗上有黑紫色的刚毛（毛状总苞），深秋时节在狼尾草旁漫步，会粘上这些带刚毛的种子。这是它散播种子的方法。

相似植物

* 青狼尾草

浅绿色花穗的狼尾草品种。生长着这个品种的地方十分美丽。

 根系牢固，很难将其拽出。

有 8 片舌状花瓣

叶子的形状和秋英不同

露天绽放，开出许多花，形成一道美丽的风景

黄秋英

Cosmos sulphureus　菊科

橙色

生长地	河岸、道旁
高度	40~60 厘米
花期	8~11 月

幼果。果实顶端有 2 根刺，成熟后可以挂在动物身上或人的衣服上传播。

栽培品种野生化，在道旁等处成片生长

　　原产于墨西哥的一年生草本植物。茎直立，微微倾斜。叶子对生，呈深绿色，下方叶子的叶柄长，裂成细羽状。从茎的中间到顶部的叶子没有叶柄。花的中心为橙黄色，大多为两性管状花，外围为无性舌状花。有重瓣黄秋英品种。即使在花坛外也能看到这种植物。

 大正时代引入日本，被种植在花坛和庭院中，后来逐渐野生化。

秋季植物

茎的顶端有几朵花

茎直立，有很多枝条向外扩展

叶子基部扩展，抱茎

黄瓜菜

Crepidiastrum denticulatum 菊科

生长地	山地、丘陵
高度	30~120 厘米
花期	8~11 月

纯白色的花冠十分醒目。花凋谢后，
花柄弯曲向下。果实成熟后变黑。

叶子的形状像鞋拔子，很有趣

在山区干旱区域经常出现的一年生草本植物。茎很硬，有许多横向扩展的分枝。叶片呈匙形，有柄的基生叶在花期会枯萎，茎上的叶子互生，无柄抱茎。切开茎和叶子会有苦涩的乳汁流出。开黄色花，只有舌状花，密集聚集在枝条顶端，朝上绽放。雄蕊先成熟。

 因茎上的叶像药师佛背后的光背（佛像后面表现光的装饰），故在日本被称为药师草。

舌状花为雌花，管状花为两性花

上部的叶子为披针形

常见于草原或林边

毛果一枝黄花
Solidago virgaurea subsp. *asiatica*　菊科

黄色

生长地	山地
高　度	30~80 厘米
花　期	8~11 月

由瘿蚊类引起的虫瘿。里面分几室，每室内都有 1 只幼虫。

看到这种花就预示着夏季结束了

　　常生长在山区的多年生草本植物。叶子互生，下部叶子宽，呈卵形，有长叶柄，越往上叶子越窄，为披针形，叶柄不明显。枝条上部的叶腋处有许多黄色的花。花自上而下盛开，满开时上面的花已经枯萎了。花与麒麟草（景天科的费菜）的相似，在日本因秋季开花而被称为秋之麒麟草。

 花朵成片绽放像泡沫一样，也被称为泡沫草。

浅绿色的雌花，柱头一分为三

生长快速，短时间内就能覆盖一片

白色的雄花

刺果瓜

Sicyos angulatus　葫芦科

白色

生长地	河边的堤坝
高　度	5~10 米
花　期	8~11 月

幼果。果实为卵形，密布着软毛和柔软的刺。每个果实里有 1 粒种子。

强壮的归化植物，非常棘手的杂草

　　原产于北美洲的一年生藤本植物。茎为圆形，有棱，通过卷须不断扩展。叶子互生，接近圆形，浅裂成 3~7 片。从叶腋处长出雌花序和雄花序各 1 个。1952 年在日本清水港被发现，据说是混入进口大豆中被带进日本的。现在已经遍布日本各地，被认定为特定外来物种。

 日语名为荒れ地瓜，意思是在荒地上生长的瓜。

花清晨绽放，傍晚闭合

叶子为不规则的羽状

柔美的花色在秋季的阳光下十分美丽

翅果菊

Lactuca indica 菊科

生长地　荒地、草原
高　度　60~200 厘米
花　期　8~11 月

这种花开始绽放就代表秋季到来了

　　生长在阳光充足的荒地或草原上的一年生或越年生草本植物。茎直立，切开茎上的叶子后会有乳白色的乳液流出。到了花期，基生叶就会枯死。茎上有许多叶子，互生。叶子细长，为披针形，深裂成羽状。秋季，茎上部分枝条长出许多浅黄色的头状花序。与春季开花的苦苣菜（P116）相反，翅果菊秋季开花。

花凋谢后，下部膨大，结出带有冠毛的果实。果实为黑色扁平状，有像喙一样略微突出的尖端。

 叶子没有细裂纹，这是与 *Lactuca indica f. indivisa*（在日本又叫细叶翅果菊）最大的区别。

317

5 片花冠裂成星形

分枝的顶端有许多白色的花　　　　仔细看能看出叶子内侧弯曲

日本当药

Swertia japonica 龙胆科

白色

生长地	草原
高　度	5~20 厘米
花　期	8~11 月

相似植物

＊瘤毛獐牙菜

茎粗且偏暗紫色，花为浅紫色，故又叫紫花当药。和当药一样苦，不过在日本已从药典里删除。

可以用作健胃药的知名野草

　　在日照充足的草原上生长的一年生或越年生小草，是一种被称为当药的中药材，对治疗胃肠疾病有效。茎在根部分枝，直立，偏浅紫色或黑紫色，线形叶。开白花，带有紫色条纹，基部有 2 个浅绿色的蜜腺。其同类北方獐牙菜在花的基部有很多毛，不苦，但不能入药。

日语名为千振，意思是吃药千次仍觉得苦。

舌状花的顶端一分为三

叶子上有小刺，粗糙

植株很高，黄色的花朵十分醒目

菊芋

Helianthus tuberosus　菊科

黄色

生长地　空地、草原、堤坝
高　度　100~300 厘米
花　期　8~11 月

秋季植物

在草原和堤坝上成片绽放的黄色花朵

地下茎延伸，顶端有块茎。棕色块茎约拳头大小，对其味道褒贬不一。

　　原产于北美洲中部的多年生草本植物。江户时代引入日本，但从明治时代开始才用来食用或酿酒，并开始在各地栽培，后来逐渐野生化。茎上有朝下生长的刚毛，茎的顶端分枝。叶子为椭圆形或卵形。头状花序为黄色，花序直径为 5~10 厘米，有舌状花 10~20 朵，顶端一分为三。

其名字的意思是，可以在地下长出芋头的菊花。

轮状花

秋季开出一片艳红，真是一道绚丽的风景

线形的芽有光泽，深绿色

石蒜

Lycoris radiata　石蒜科

生长地	河岸、田边、墓地、道旁
高度	30~50 厘米
花期	9 月

红色

鳞茎含有有毒成分，如果直接食用会导致严重的呕吐。因含有大量淀粉而在过去被用作救荒食物，不过需要用水去除毒素。

成片生长的石蒜有一种妖娆的风情

　　来自中国的多年生草本植物。花期结束后在深秋才长叶子，并于第二年 3~4 月枯萎，从地面上消失。开朱红色花，外轮花被片和内轮花被片各 3 片，花被片为细长的披针形。雄蕊和雌蕊均为红色，伸长至花冠外。在日本，其方言名字就有 550 多种，是一种生长在人们周围，为人熟知的植物。

 曾经被视为不吉利的花而被厌弃。

椭圆形头状花序

嫩叶可用来制作草饼

群生，到了夏季植株蹿高，和春季完全不同

五月艾

Artemisia indica var. *maximowiczii*　菊科

黄色

生长地	山野
高　度	60~120 厘米
花　期	9~10 月

秋
季
植
物

整株都带有香气的草药

　　在山野中经常能看到的多年生草本植物，通过地下茎产生新苗。叶子互生，呈椭圆形，裂叶很细，叶腋处有假托叶。从夏季到秋季，花序上长出许多黄褐色的小花。名字来源说法不一，又叫艾蒿、野艾、艾。

果实被总苞包住。五月艾有两种增殖方法，一种是通过地下茎，另一种是通过种子。

　　嫩叶可以用来制作草饼或茶。艾灸用的艾绒是用晒干的艾叶制成。

花朵在"兜"中

茎像弓一样弯曲　　　　深裂叶

日本乌头

Aconitum japonicum subsp. *japonicum*

毛茛科

(紫色)

生长地	林中、林边
高　度	80~200 厘米
花　期	9~10 月

有名的毒草。根被称为附子，是一味中药

多年生草本植物，每年都会在前一年的根旁边形成新根，并从那里萌发新芽，所以也称为拟一年生草本植物。新根被称为附子，有剧毒。茎倾斜弯曲，叶子裂成 3~5 片，裂口至一半位置。萼片看起来像花瓣，其中一个背面看起来像一个兜。在萼片中有 2 片细花瓣，距上分泌花蜜。

相似植物

* *Aconitum japonicum* subsp. *subcuneatum*

日本东北地区最常见的乌头品种，又叫奥乌头。茎上的叶子为肾形叶，浅裂成 5~7 片。分布于北海道南部地区、新潟县和群马县以北的日本海一侧。

花朵酷似舞乐奏者的头冠，在山地中生长。

没有花瓣，有萼片

复叶的小叶为卵形

在林边经常看到的野生化的花

秋牡丹

Anemone hupehensis var. *japonica*　毛茛科

白色 粉色

生长地	在有人住的林边
高　度	15~100 厘米
花　期	9~10 月

有白色或浅紫色等花色，花朵形状变
化多样。

在花坛里经常种植的原产于中国的植物

　　过去从中国传入的多年生草本植物，如今已经野生化。
叶子有单叶和复叶等多种形状，小叶呈椭圆形，长在茎上
轮生。上部有 1 朵或数朵粉紫色的花。没有花瓣，有约 30
片萼片。通常不结籽，但有时会结出有密毛的果实。因秋
季盛开且酷似菊花，所以日语里称其为秋明菊。

秋
季
植
物

 在日本京都府贵船地区经常能看到这种植物。

323

白色部分为雄蕊

过了花期看起来很脏，是在哪里都能看到的草花

叶子薄，表面粗糙

水蛇麻

Fatoua villosa 桑科

 褐色

叶子和桑葚类似，是秋季常见的草本植物

生长地	草地、田边、道旁
高　度	30~80 厘米
花　期	9~10 月

　　常见于路边或花园中的一年生桑科植物。茎直立，被细毛覆盖。叶子呈椭圆形，叶缘呈锯齿状。在叶柄的基部有许多浅绿色的小花，雄花突出，有 4 枚雄蕊，开花初期向内弯曲，突然迅速反方向弯曲，将花粉散到空气中。另外，雌花上还会长出紫红色的柱头。

果实为白色，直径约为 1.5 毫米，每一个都包裹在花被片中。当触摸成熟的花序时，果实就会被弹出来。

　　叶子的形状像蚕吃的桑叶，所以又称桑草。

茎上的花多聚集成团

幼叶上有白粉

能长得很大，和幼叶时的形态截然不同

藜

Chenopodium album 苋科

白色

生长地	荒地、田边
高　度	60~120 厘米
花　期	9~10 月

相似植物

＊杖藜

嫩芽为红色，粉状毛中含有红色素。枝条顶端生有短穗，密生着黄绿色小花。

覆盖着白粉的幼叶十分醒目

　　一年生草本植物。茎通常直立并分枝。幼时长出的叶子几乎是三角形叶，叶缘成粗锯齿状，但随着植株长大，叶子会拉长并改变形状。幼叶两侧和成熟的叶子内侧都被白粉覆盖。这些是被称为粉状毛或水毛的球形细胞。开浅绿色花，有两性花，也有只是雌花的个体。

秋季植物

  在秋季，茎会变得坚硬强壮。因为又粗又轻，故非常适合用来制作老年人用的拐杖。

325

腺毛很黏

叶柄有翅

笔直生长，有许多黄色的小个头状花序

腺梗豨莶

Sigesbeckia pubescens 菊科

生长地　林边
高　度　60~120 厘米
花　期　9~10 月

果实没有冠毛，呈黑色。鳞片和总苞
有黏性，可以附着在动物毛上。

一种能粘在动物身上的有黏性的果实，
通过种子传播

　　在山野中经常出现的一年生草本植物，茎上有密集的软毛。卵形叶对生，两侧有短毛，顶端尖，叶缘呈锯齿状。叶柄的顶端有许多头状花序。叶柄上密生可以分泌黏液的腺毛，摸起来有点黏。开黄色舌状花，花冠顶端一分为三。经常能看到小型无腺毛的毛梗豨莶。

比苍耳看起来要柔和。

雄花的雄蕊下垂

雌花朝下绽放

繁殖能力超群，很快就能覆盖一片地区

葎草

Humulus scandens　大麻科

绿色

生长地	荒地、道旁
高　度	300~400 厘米（藤蔓长度）
花　期	9~10 月

葎草的叶子有粗毛且粗糙，锯齿状的顶端变成刺，叶脉凹陷明显，背面有黄色的腺斑。

有刺，触碰会很疼。长得像灌木丛，很难接近

雌雄异株，多年生藤蔓植物。茎和叶柄上有朝下生长的刺，与其他植物缠绕蔓延。叶子对生，有长叶柄，深裂成 5~7 片，呈掌状。雄花呈黄绿色，有大而显眼的圆锥形花序。当触摸成熟的雄花时，花粉会像灰尘一样散出。雌花为浅棕色，数朵花聚集成球状，柱头上有许多毛。

茎的强度像铁一样，和啤酒花同属。

头状花序的周围可以看到有总苞片

已经蔓延到随处可见

果实有黏性

鬼针草（原变种）

Bidens pilosa var. *pilosa*　菊科

黄色

生长地	道旁、山道
高　度	50~110 厘米
花　期	9~10 月

相似植物

* 大狼耙草

和鬼针草（原变种）相似的品种
有很多，如大狼耙草有叶状长总
苞，金盏银盘的花为黄色，而鬼
针草有白色的舌状花。

近年来不断扩张地盘的归化植物

　　原产于美洲热带地区的一年生草本植物，已遍布世界
各地。茎直立，有许多细毛，叶子通常由 3~5 片小叶组成，
深裂成羽状，叶缘呈钝锯齿状。头状花序中只是黄色的管
状花，但在极少数情况下可能有短舌状花。总共有 7~8 个
苞片排成一排，苞片长 3~4 毫米。果实上有 3~4 根刺，可
以挂在其他东西上。

叶子形状和落叶灌木楝的叶子十分相似。

朝下生长的花像钟

基生叶，开花时会枯萎

横向生长的特异姿态，生长在山道或灌木丛中

天名精

Carpesium abrotanoides 菊科

生长地　道旁、灌木丛
高　度　30~100 厘米
花　期　9~11 月

果实顶端能分泌黏液，可以粘在动物身上进行种子散播。黏液有恶臭味。

茎会停止成长，长出射线状的枝条

　　虽然是越年生草本植物，但是开花结籽后就会枯萎，是一次繁殖的多年生草本植物。茎直立，生长到一定程度后就会停止向上生长，枝条呈水平辐射状生长，每个叶腋处开 1 朵花。花朵几乎没有柄，这也是本种的一个特征。茎上的叶子为长椭圆形，内侧有腺点，遍布全株。因为外形像灌木，基生叶像烟叶，所以又称为野烟叶。

过去，果实可以用来制作驱除绦虫的药。

舌状花为白色，管状花为黄色

叶子重叠生长

沿着海岸群生的大花，远望十分华丽

日本滨菊

Nipponanthemum nipponicum 菊科

 白色

生长地	海岸的悬崖
高　度	50~100 厘米
花　期	9~11 月

＊小滨菊

生长在海岸的岩石上或林边，通过地下茎增殖。椭圆形叶为肉质，顶端裂成 5 片。在日本，从北海道到太平洋海岸，直到茨城县均有分布。

曾是观赏植物的野生菊花

有粗壮低矮的茎的多年生草本植物。叶子互生，呈匙形，厚而有光泽，无叶柄，上半部叶缘呈锯齿状。秋季分枝的枝条顶端开花。头状花序直径超过 6 厘米，是日本野菊中花朵最大的。舌状花的果实呈钝三角形，管状花的果实为柱状，形状各不相同。从江户时代初期就开始人工栽培，历史悠久。

在海岸边自然生长的菊花。

穗朝上生长

叶缘呈波浪状

在林边生长

荩草

Arthraxon hispidus 禾本科

黄色

生长地	空地、道旁、林边
高　度	20~50 厘米
花　期	9~11 月

秋季植物

相似植物

* 日本荩竹

在丘陵或林边群生的纤细的一年生草本植物。叶子呈卵形，细长，叶缘呈波浪状。花序为绿色。

浅黄绿色的穗在秋季的逆光中十分美丽

　　常生长在空地或林间道旁的一种略显纤细的一年生草本植物。下部的茎秆在地面上匍匐生长，上部的茎秆直立，分枝多。茎秆的节上有毛。叶子呈长椭圆形，顶端尖，基部呈心形并抱茎。叶缘和叶鞘边缘密生长毛。茎秆的顶端有长柄，有数个紫褐色或浅黄绿色的小穗，呈掌状，每个穗上长着许多小穗。

叶子形状像小鲫鱼，是黄八丈（一种黄底格纹绸）的染料。

暗紫色的小 5 瓣花

小叶的基部为翅状

生长在林边或林中

紫花前胡

Angelica decursiva 伞形科

 紫色

生长地	山野、林边
高 度	80~150 厘米
花 期	9~11 月

伞形科多为白花，暗紫色的花朵十分少见

生长在山野中的多年生草本植物。茎直立，带深紫色。羽状复叶，叶子及小裂叶为椭圆形，叶子内侧偏白色，上部的叶子常膨大成叶鞘。花朵上紧密生长的花瓣为深紫色，但在极少数情况下也有白花的个体。果实扁平，为宽椭圆形。可入药，晒干的根被称为前胡，具有解热发汗的效用。

果实扁平呈椭圆状，长 4~5 毫米，叶缘有宽翅。

 伞形科中开紫花的只有包括紫花前胡在内的 3 种。

龙胆

Gentiana scabra var. *buergeri*　龙胆科

紫色

生长地	山野草原、林边
高　度	20~100 厘米
花　期	9~11 月

晚秋，在一片红色草叶中摇曳着紫色的花朵

　　多年生草本植物。茎直立或斜向上生长。叶子没有柄，呈披针形，顶端尖。在茎的顶端或上部的叶腋处聚集生长着花。花冠呈钟形，裂成 5 片，裂片之间有小副片，内侧有褐色斑点。

中药名为龙胆，是很苦的健胃药。

虾夷龙胆

Gentiana triflora var. *japonica*　龙胆科

紫色

生长地	山野湿地
高　度	30~80 厘米
花　期	9~10 月

很容易开花，是众所周知的园艺植物

　　多年生草本植物。比龙胆的株型大，茎直立，茎的顶端和叶腋处有许多蓝紫色的花。花朵不像龙胆那样绽放开。花店里销售的龙胆是本种的栽培品种与龙胆的杂交种。

 本品种的高山型，只在枝条顶端开花。

头状花序上有舌状花也有管状花

细长的叶子上有 3 条醒目的叶脉

靠昆虫传播花粉的虫媒花，是一种蜜源植物

高大一枝黄花

Solidago altissima 菊科

黄色

生长地	荒地、堤坝
高度	100~200 厘米
花期	10~11 月

将空地淹没的金黄色

原产于北美洲的归化植物，多年生草本植物。第二次世界大战前，一直作为观赏植物种植。也有一种说法是，它在第二次世界大战后随着美军的行李进入日本。茎不分枝，有许多细叶。枝条顶端有黄色的管状花密生。有一段时期被认为是引发花粉病的致病源，但其实高大一枝黄花不是风媒花而是虫媒花，背了很长一段时间的黑锅。

研究表明，每株高大一枝黄花能产出 110 万粒种子。这样庞大数量的种子随风飘散，繁殖力强。

 可能是由于化感作用引起自身中毒，在日本最近有减少的倾向。

舌状花和管状花都为黄色

果实上有冠毛

在花朵少的时期，美丽的黄色为世界增添一抹色彩

大吴风草

Farfugium japonicum 菊科

黄色

秋季植物

相似植物

* 冬花大吴风草

不是在海岸而是在林中生长。叶缘呈不规则的双尖锯齿状。叶脉凸起，有褶皱，是日本屋久岛和种子岛的特有品种。

秋季海岸边艳丽的野草

原为野生的多年生草本植物，在园艺界广为人知。叶子又厚又圆，有光泽。花茎顶端分枝，长着直径约为 5 厘米的头状花序。从秋季到冬季都在开花，花期很长。嫩叶可以食用，但含有有毒物质，必须去毒后才能食用。

 常绿植物，即使在不开花时也值得欣赏。植株非常皮实，因此常被种植在庭院中。

花多为肉质

叶子表面有白斑，其魅力在于斑纹图案多种多样

叶子呈卵形，基部为心形

日本细辛

Asarum nipponicum var. *nipponicum*

马兜铃科

紫色

生长地	林中、林边
高　度	5~10 厘米
花　期	10~ 第二年 2 月

秋季植物

没有花瓣，有 3 片萼裂片。花内有雄
蕊 12 枚，除非仔细观察，否则无法从
外面看到它们。

日本虎凤蝶的食物之一

生长在林中的常绿多年生草本植物，植株整体都散发着香气。叶子表面为深绿色，有时有白色斑点，叶柄长且偏紫色。花为深紫色或褐绿色，直径约为 2 厘米。萼筒上部不收缩，内侧有网格状棱线，萼裂片呈三角形并水平展开。种子有多肉的种翅，通过蚂蚁散播。

叶子的形状像锦葵，即使在寒冷的冬季也不会枯萎。

细辛的种类

　　世界上约有 120 种细辛（细辛属），日本约有 57 种。很难区分各个品种，但所有品种的分布区域都很窄，可以从栖息地猜出是哪种细辛。许多品种为常绿植物，种子有种翅，由蚂蚁传播。

❖ 土细辛

三角形叶，基部为深心形，两侧为耳状且略向外突出。叶子表面略有光泽。花期为 3~5 月。在日本，分布于关东西南部、静冈县、山梨县南部。

❖ 多摩细辛

椭圆形叶的表面为深绿色，有些个体有白云状花纹，细脉凹痕明显。花被片呈波浪状。因为在日本多摩山发现而得名。花期为 4~5 月，分布于日本关东地区的西南部，以高尾山为西界。

❖ 大萼细辛

只有 1 片叶子。开黑紫色花，是细辛中株型最大的品种。花期为 3~5 月，分布于日本本州日本海一侧的长野县北部、福井县到山形县。

❖ 巾着葵

卵形叶，通常斑点较少。花小，呈浅绿褐色，顶端明显收缩。花期为 4~5 月，分布于日本四国西部和九州地区。

观察植物的趣味

服装和携带物品

因为植物不会动，所以很多人认为观察植物很容易，不过植物开花的时间可能每年都不同，并会因环境变化而不开花，所以寻找它们是一件令人兴奋的事情。找到要找的植物时会特别惊喜。

服装

徒步旅行时的服装就可以。夏季最好穿凉爽速干面料的衣服，冬季最好穿保暖面料的衣服。

帽 子

建议戴有遮阳帽檐的帽子。

马 甲

马甲口袋方便装放大镜或观察笔记本等小物品。也可以使用斜挎的小包。

上 衣

穿一件长袖衬衫，防止晒伤或蚊虫叮咬。

手 套

保护双手免受树枝、荆棘割伤，或弄脏手。可以用露出指尖的手套，方便动手操作。

长 裤

穿长裤，保护皮肤不会被草划伤或被蜱虫叮咬。

靴 子

推荐登山靴或轻便的登山鞋。

思考观察植物时需要带什么工具是很有趣的工作。有些工具虽然没有也没有关系，但如果随身携带将获得更多乐趣。

◉ 相机

单反相机是拍摄全尺寸植物照片的不错选择。小型数码相机、智能手机也很适合拍摄植物照片。可以拍下照片然后再查找名字，十分方便。

◉ 放大镜

观察的必备品，可以用来观察小花的形状、毛的生长情况、有无腺斑等。使用时，将放大镜靠近眼睛，将看到的东西靠近放大镜，直到聚焦为止。

◉ 图鉴

现场查找植物很方便。先通过图片或绘图查找，然后检查是否与所写的内容相符。

◉ 观察手册、笔

尝试在现场记录植物的特征和名称。

◉ 雨具、防寒物、换洗衣物

雨具是必需品。准备折叠伞和上下分体的雨衣。冬季最好准备防寒衣物，夏季最好准备出汗后替换的衣服。

◉ 水和食物

带上大量的水并经常饮用。不要忘记带上午饭，也别忘了带上一些轻便且能迅速补充能量的零食。

附上观察笔记

观察笔记是观察植物的必备品。观察笔记用来记录在观察会上听到的植物名称，或是在现场看到或听到的信息。这些会对为拍摄的植物照片添加名称、回顾观察会等有所帮助。不要忘记记录日期和地点。笔记本可以是任何样式的，如带或不带格子线等，但尺寸最好能放入衣服口袋中。

观察笔记实例

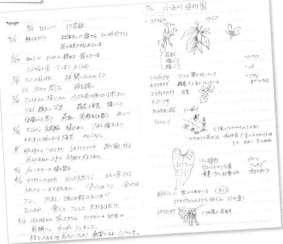

包含插图并添加评论的笔记更容易让人回忆起观察的过程。

喜欢绘画的观察者可以充分利用笔记的空间来自由绘画。

制作植物标本

在查找植物名称或将它们与其他植物进行比较时，标本是很有用的。除了记录，这也是对这些快乐的日子的纪念。不过切勿在国家公园或保护区等禁止采集的区域内采集。即使在可以采集的地域，也要控制采集的数量，并注意不要伤害周围的植物。标本可能会被当地博物馆收集作为研究材料，因此建议向他们咨询。

1. 采集植物

如果可以，最好连根系一起采集。将半张报纸对折，采集的植物要比这半张报纸小。如果夹住的植物不小心露出来，可以用指尖压住弯的部分弯曲数次。

2. 标本干燥

在标本的上下夹一张同样对半折的半张报纸作为吸水纸（也有专用的吸水纸），把它们叠起来，用胶合板夹住顶部和底部，并将重物压在上面。第一周每天更换吸水报纸，大约2周后每隔1天更换1次吸水纸，直到标本干燥。一般需要2~3周的时间。

可以用重物压住。

3. 将标本贴在纸上

使用专用的底纸和胶带进行粘贴比较方便。

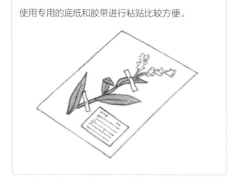

4. 标本制作完成、整理

在右下方贴上带有收藏日期、地点、收藏者姓名、品种名称等的标签，标本制作就完成了。将每个标本放入一个塑料袋中，可以防止昆虫啃食。

（示例）

植物标本		NO.
学名		
常用名称	科	属
采集地		
采集日	年 月	日
采集者		

◉ 用于学习的标本

如果只收集叶子等植物的一部分用于学习，可用同样的方法干燥，再贴一张儿童涂鸦纸作为底纸，清晰记录植物特征。

拍摄植物照片

让我们回顾一下单反相机、小型数码相机和智能手机的共同点。拍摄时注意不要干扰其他人通过。

❖ 选择拍摄植物个体

寻找看起来漂亮且背景不杂乱的个体。如果拍摄目的是为了记录，比如制作自己的植物图鉴，那么除了整株外，还要对叶子、花及植株特征细节进行特写。

❖ 拍摄技巧

步骤 1	步骤 2	步骤 3
握住相机时，请夹住两臂以防相机抖动。不要惊慌，冷静下来按下拍摄键。	透过屏幕看时，仔细考虑构图，注意不要拍到人手、脚、垃圾等。拍摄特写时，请使用微距镜头靠近拍摄。另外，手指不要挡住镜头。	同一场景拍 2 张照片。拍摄时要检查是否对焦。此外，色调很亮时，白色部分可能无法正常显示（过度曝光）。在这种情况下，需要调整曝光度。

❖ 照片整理的注意事项

如果不进行照片整理，好不容易拍的照片就浪费掉了。最好在拍摄当天进行整理。因为时间久了，可能会忘记拍摄的内容。

从相机中导出整理数据时，请删除不需要的照片，并输入拍摄日期、地点和种名。如文件名可以写成"20200515 / 高尾山 / 紫花堇菜（01）"，方便以后搜索查找。植物名称中，只有种名最重要。不要连科名也写上，那样反而很难查找。

❖ 植物名称的记忆方法

自己做笔记，记下植物名称是很常见的做法，但最快的方法是请人教你。如今，植物爱好者团体很活跃，可以加入这些团体参加观察会等，请熟悉植物的人教你。好不容易学会的知识忘记了就可惜了，所以要积极学习，一旦知道了植物名称就迅速记下来。

❖ 关于学名

学名是植物的世界通用名称，由瑞典生物学家、分类学之父卡尔·冯·林奈（Carl von Linnaeus）发明，由属名和种加词组成种名，也就是所谓的"双名法"，在品种下面还有亚种（subsp.）、变种（var.）和品种（f.）的形容词。学名用拉丁语书写，不过也使用拉丁化的人名和地名，并根据国际植物学命名规则命名。

示例 拉拉藤

Galium spurium var. *echinospermon*

① ② ③

❶ 属名。比种名高一级的分类学等级，相似品种的学名以相同的属名命名。首字母大写。本例中的 *Galium* 是指茜草科的拉拉藤属。

❷ 种加词。用来区分品种，全部用小写字母书写。种加词包括描述植物特征的词，也有与人名和地名相关的词。顺便说一下，*spurium* 的意思是"假

的"，指看起来像叶子的托叶。

❸ 变种学名，是在 var. 后面跟的变种加词，而对花色不同等有细微差别的品种，在符号 f.（forma 的缩写）后跟种加词。顺便说一下，*echinospermon* 的意思是"有刺的种子"，描述出带刺果实的外观。

观察植物需要注意的五个要点

最后总结一下观察植物时要注意的事项。请爱护自然，亲近植物。

❶ 不要伤害植物

不要触摸正在观察的植物，以免造成损伤。另外，当您专注于拍摄植物时，请注意不要践踏或伤害附近的其他植物。

❷ 控制标本采集量

即使在可以采集植物的地区，也不要随意采集或带回家。可以采集生长在路边或田野中的杂草。

❸ 小心有毒植物

毒芹、马桑和乌头等植物，在食用后会致死。在采野菜时，经常有误将鹅掌草和乌头搞混而发生中毒的事故。有些植物哪怕只是触摸就会出疹子。请勿触摸或将植物放入口中。

❹ 不要因为是药用植物就尝它

毒和药只隔一张纸，药用植物如果使用量不对或使用方法不当也可能致命。大多数植物都是有毒的，虽然毒性有强有弱，这是为避免被动物食用。

❺ 小心昆虫和动物

现在有野生动物出没的地方越来越多。在它们可能出没的地方要注意。同时，不要忽视黄蜂、水蛭、蜱虫等。如果被刺伤或被咬伤，请注意身体情况，如有发热、肿胀等异常症状，请及时就医。

索引

347

348

本书中文简体字版由株式会社PHP研究所授权机械工业出版社在中国大陆地区（不包括香港、澳门特别行政区及台湾地区）独家出版发行。未经出版者书面许可，不得以任何方式抄袭、复制或节录本书中的任何部分。

北京市版权局著作权合同登记　图字：01-2020-7520号。

编辑　松井美奈子
设计　松井孝夫
插图　角 慎作
协助　森弦一、有马丽子、大松启子、楠桥久子

图书在版编目（CIP）数据

常见花草野外识别图鉴 /（日）山田隆彦著；于蓉蓉译.
—北京：机械工业出版社，2023.1
ISBN 978-7-111-71932-8

Ⅰ.①常… Ⅱ.①山… ②于… Ⅲ.①植物–识别–图谱
Ⅳ.①Q949-64

中国版本图书馆CIP数据核字（2022）第204518号

机械工业出版社（北京市百万庄大街22号　邮政编码100037）
策划编辑：高 伟 周晓伟　责任编辑：高 伟 周晓伟 刘 源
责任校对：薄萌钰 李 婷　责任印制：张 博
保定市中画美凯印刷有限公司印刷

2023年1月第1版第1次印刷
145mm×210mm·11印张·2插页·288千字
标准书号：ISBN 978-7-111-71932-8
定价：88.00元

电话服务　　　　　　　　网络服务
客服电话：010-88361066　机 工 官 网：www.cmpbook.com
　　　　　010-88379833　机 工 官 博：weibo.com/cmp1952
　　　　　010-68326294　金 书 网：www.golden-book.com
封底无防伪标均为盗版　机工教育服务网：www.cmpedu.com